마당에서 무성하게 자라는 로즈메리를 꺾어

돌화로에 채운 다음, 성냥불을 붙였습니다.

갓 잡아 올린 제주 자리돔을 석쇠에 줄 세워 굽습니다.

식물 땔감의 푸릇한 향이 생선살 깊숙이

스며드는 중입니다.

제주 태생 해녀이자 음식 명인이고, 자연주의자이며

인문학생활자인 '푸른부엌' 진여원.

어느 하루 그의 끼니 풍경을 표지 사진으로 담았습니다.

제주 섬·집·밥

진여원 짓다
이 새 엮다

바다를 먹으면서 어른이 되었다

바다 운동장으로 첫발을 들인 것은 열두 살 무렵이었습니다. 물질이 업이었던 해녀 엄마의 딸, 아니 제주의 딸로 태어났으니 바다는 살아가는 이유였지요.

이르게 철이 들었는가 합니다. 엄마를 대신해 식구들의 끼니 음식을 만든 것도 조금 일렀고, 땅과 바다가 내어주는 음식에 대한 공부도 빨랐습니다. 대학 공부까지 마쳤지만, 제주가 아닌 곳에서의 삶은 그려지지 않았기에 결국 다시 섬집으로 되돌아왔습니다. 그때부터 지금까지, 푸르디푸른 삶의 부엌을 지키며 살고 있습니다.

제주 본디 음식은 슴슴합니다. 대단스럽지 않아요. 자연의 성정대로 자란 식재료의 맛을 살리는 것에만 집 중하기 때문입니다. 바다의 것에는 바다의 맛, 땅의 것에는 흙의 뜻이 담겼으니 갖은양념에 기대지 않아 도 충분합니다. 손맛이라는 명분으로 재료 본연의 맛과 식감을 덮는 것은 왠지 밥상 위의 자연을 훼손하는 일 같아서 영 내키지 않습니다.

음식은 이야기와 함께 먹으면 더욱 맛있는 법입니다. 그래서 음식을 낼 때, 날것의 재료들 속에 숨겨진 이 야기를 버무려서 함께 펼쳐 놓고는 합니다. 그렇게 하나둘 나만의 음식 인문학, 음식의 역사를 쌓아 가는 중입니다.

"UN에서 제주 음식에 대한 강연을 할 거예요, 언젠가는 꼭!"

이렇게 말하면 듣는 이들이 기꺼이 맞장구를 칩니다. 좀 맹랑한 소망 같기는 하지만, 누군가는 해야 할 일 이라고 서로 공감하기 때문일 겁니다. 한국의 음식이 지닌, 바닷속처럼 깊은 맛과 역사가 이대로 묻혀 사라 지지 않도록 더 널리, 더 충분하게 알리고 싶습니다.

이런 나의 의중이 통했던 걸까요. 이새와는 제주 음식을 고리 삼아 만났고 이내 뜻이 닿았습니다. 자연과 전통, 음식과 생활에 대한 가치관이 절묘하게 닮아 있었지요. 덕분에 이렇게, 제주 한식에 관한 귀한 결실 하나를 얻게 되었으니 진심으로 고개 숙여 감사할 따름입니다.

이 책을 읽으며, 이 책에서 만난 음식들을 따라 해 보며 몰랐던 우리 것, 몰랐던 우리 이야기를 만나게 되었 으면 싶습니다. 좋은 음식이 사람을 어떻게 바꿔 놓는지, 그 속내까지 알게 된다면 더할 나위 없을 것 같습 니다.

제주 '푸른부엌'에서, 진여원 쓰다

이새의 집, 흘HEUL 그리고 명인 진여원

제주시 조천읍 선흘리. 동백동산을 품은 고즈넉한 마을 안에 이새의 문화공간 한 채를 준비하고 있었습니다.
흘HEUL.
'숲'이라는 뜻의 제주어를 집의 이름으로 삼았습니다. 제주의 자연을 품은 공간, 제주의 정신이 깃든 옷과
살림, 그리고 건강한 밥상이 함께하는 곳. 그동안 이새가 추구해 온 생활의 철학이 담긴 가장 제주다운 공
간을 만들고자 했습니다. '제주 흘' 그 중심에 '진여원 명인'이 있습니다.

이새는 옷을 만드는 브랜드로 시작했지만, 늘 '사는 일' 전체에 깊은 관심을 기울여 왔습니다. 삶을 이루는
의·식·주를 하나의 철학으로 풀어내는 일, 그 길을 이새는 20년 넘게 묵묵히 걸어왔습니다. 그래서 언젠가,
자연 그대로의 음식과 식문화를 이야기하는 일은 꼭 해야 할 과제였습니다.
그리하여 한 사람을 만났습니다. 이새가 걸어온 길 위에서 시절인연이 맺어 준 대한명인 진여원 선생입니다.
제주의 땅과 바다, 계절을 온몸으로 살아온 사람. 입에서 입으로 전해진 제주의 맛을 오랫동안 지켜 온 사
람. 자연주의자이자 해녀의 후예, 그리고 '밥'에 깃든 이야기를 온전히 이해하는 사람.

자연으로 짓는 옷처럼, 자연으로 지은 밥상.
명인의 밥상은 삶의 시간을 차곡차곡 쌓아 올린 정성과 기억의 그릇입니다.
제주의 숨겨진 역사와 문화, 여성들의 노동과 지혜가 숟가락 위에 담겨 있었고, 음식 하나하나가 오랜 세월
을 견뎌 낸 공동체의 기억을 들려줍니다. 우리는 그때 깨달았습니다. 이 밥상은 단순한 요리의 나열이 아닌,
제주의 삶을 온전히 담아낸 기록이자 유산이라는 것을.
『제주 섬·집·밥』은 그렇게 시작되었습니다.

이 책은 제주의 자연과 음식, 여성의 삶과 지혜를 따라가는 인문학 여정입니다. 잊히고 사라져 가는 밥상의
기억을 다시 꺼내어 함께 나누고 싶은 마음을 담은 기록입니다. 독자 한 분 한 분이 이 책을 통해 새로운 제
주를 마주하고, 더 깊은 삶의 감각을 느끼시길 바랍니다.

우리는 알고 있습니다. 진짜 좋은 것은, 시간이 걸려도 오래 남는다는 것을.
이새가 늘 그래 왔듯 이번에도 천천히, 바르게, 진심을 다해 제주를 전하고자 합니다.

뜻깊은 책을 묶어 내며, 이새 쓰다

자연과 전통으로 지은 오롯한 제주 집밥

1 허영만(만화가·식객)

백김치

그동안 제주도에 멫 왔다.
토속음식을 대접받았는데
여태까지 먹었던 거고는 판이었다.
"푸른 부엌"의 진여원 선생
제주도의 양념을 고춧가루가 없어서 하얗게
나왔단다. 임진란때 고춧가루가 들어왔지만
육지를 거쳐 제주에 들어오게 까지는 시간이
한참 걸렸단다. 만든것이 장아찌고
담궈져서 간없데 써졌고 육지의
된장과는 다른형태로… 등등 재미있는
역사가 많았다. 제주음식에 눈을
틔운 순간이었다

너무맛있음 이유나씨에게
당장 연락했다.
이곳에서 감염되어야 하는 이유라나

허영만 ♥

2 이보은(마르쉐 친구들 대표)

트렌드를 앞서는 기획들로 늘 부산한 이새가 제주에 새로운 공간을 준비한다는 소식을 들었을 때, '그곳에서 하려는 일은 무엇일까?' 무척 궁금했다. 자연이 내어주는 것의 아름다움, 손으로 이어 가는 것의 소중함을 현대적으로 소개해 온 이새의 공간이라는 것, 게다가 문화 잡지 《샘이깊은물》에서 사회 첫걸음을 내딛으며 한창기 선생의 품을 경험한 정경아 대표가 정성을 들인 공간이니 얼마나 흥미로운 자리일지 내심 기대가 컸다. 이새의 문화공간 '제주 홀'이 내어놓은 첫 번째 이야기 『제주 섬·집·밥』은 그간의 궁금증에 답을 주는 책이다. 진여원 선생의 숨을 담은 이 책에는 제주의 바당(바다)과 들, 우영팟(텃밭)이 내어주는 것으로 간소하지만 거뜬하게 한 상을 차려 내던 제주 여성들의 음식과 삶이 그득하게 채워져 있다.

하도리 해녀의 딸로 태어나 제주 식문화를 유전자에 담은 진여원 선생은 제주 먹거리의 뿌리를 '자연에 기대지 않고는 살아갈 수 없었던 가난'에서 찾았다. 고단한 삶의 자리를 부엌으로 삼아 된장, 간장으로 간소하게 차려 낸 슴슴한 음식들은 고된 물질로 부르트고 헤어진 해녀들의 입이 받아들일 수 있을 만큼 순했다. 그런데 허술한 듯 순박했던 그 맛은 외려 솔라니, 자리, 각재기, 깅이 같은 제주 해물의 맛을 온전히 살려 낸 비법이 되었다. 우무와 톳, 청각 같은 바다풀과 꿩마농, 방풍, 먹고사리, 마농, 제피, 동지 같은 푸성귀들은 제주 벌판의 보리와 메밀 속에 깃들어 계절의 다채로움을 더한다.

선생이 전하는 음식에는 제주 할머니들의 입으로 전해진 신화와 전설이 담긴다. 그 이야기는 단지 이야기로 끝나는 것이 아니라, 밥상으로 차려지고 잔치로 이어지며 제주를 제주답게 지켜 내고 있다. 특히나 도감과 솥할망이 차려 내는 제주의 잔치 음식 '반(盤)'에는 한 생명을 버려지는 것이 없이 귀하게 여기고 나누는 삶이 담겨 있다. 너도나도 각자도생한다는 요즘, 자연과 이웃이 함께하는 도란도란한 삶이 제주의 밥상에 담겨 있는 것이다.

이 책을 통해 이새는 자연과 얽혀 살아온 제주 사람들의 삶을 기억하고자 한다. 검질긴 삶을 이어 온 제주 사람들의 슴슴하고도 깊숙한 밥상 이야기를 넘겨보며 이새의 공간 '홀'이 담아갈 시간을 기대하게 된다. '홀'은 숲을 일컫는 제주란다. 봄은 절정의 시간을 달리고 숲은 푸르름을 더한다. 곧 도착할 여름이 내어줄 마농지와 자리젓, 제핏잎장아찌를 곁들인 감자밥을 떠올리는 것만으로도 행복하다. 가난이 내어준 밥상, 자연에 기댄 밥상, 우리가 돌아갈 미래의 밥상이기 때문이다..

3 김지완(디앤디파트먼트 제주 대표)

진여원 선생과의 인연은 약 2년 전, '디앤디파트먼트 제주'를 운영하면서 시작되었다. 당시 1층 식당에서 해녀 음식 행사를 기획 중이었고, 덕분에 회의가 잦았다. 어느 날 우리 진행 팀 전원이 진여원 선생의 작업실 '푸른부엌'으로 초대를 받았다. 그곳에서 선생의 음식을 처음 접할 수 있었다. 특히 식사 전에 내어주신 쉰다리는 처음에는 낯설고도 충격적인 맛이었지만, 이내 특유의 구수하면서도 시큼한 맛이 매력적으로 다가왔다. 도대체 몇 그릇의 쉰다리를 마셨는지 셀 수조차 없다.

쉰다리는 쉰밥도 버리기 아까워서 그 밥을 물에 씻어 누룩을 섞은 뒤 발효시킨 제주 음식이다. 쉰밥조차 재활용하는 제주 어머니들의 지혜와 더불어, 제주의 척박한 환경을 증언하는 음식이기도 하다. 쉰다리를 마시는 동안, 그때까지 10년간 보고 느꼈던 제주보다 더 깊숙한 제주를 만난 느낌이었다.

오랜만에 진여원 선생의 연락을 받았다. 소녀처럼 수줍어하며 책을 발간하게 되었다고, 혹시 추천사를 써 줄 수 있겠는지 조심스럽게 물으셨다. 무조건 수락했다. 이렇게 소중한 책을 소개할 수 있다니 얼마나 기쁜 일인가. 더불어 선생의 그 귀한 음식을 책으로 만나게 되다니, 참 감사한 마음이었다.

『제주 섬·집·밥』은 제주 음식을 소개한 요리책이자 진여원 선생의 삶이 녹아 있는 수필이다. 음식은 결코 삶과 떨어져서 존재할 수 없다. 각기 다른 삶의 색깔이 각기 다른 음식의 색을 만들고, 각자의 삶이 특유의 자연을 품으면서 지역만의 특성이 만들어진다. 그래서 이 책은 단순히 음식 만드는 법이 아닌, 우리에게 음식이란 무엇인가라는 의미와 그 소중함 그리고 본질에 대해 이야기하는 책이다.

'디앤디파트먼트 제주'를 운영하면서 아주 짧고 얕게나마 제주의 역사와 이야기를 접할 수 있었고, 척박하고 아픈 땅, 제주에 많이 안쓰러운 마음이 들었다. 그런데 이 책을 통해 한편으로는 그 아픈 역사조차 부드럽게 보듬는 음식의 힘과, 고된 삶을 지탱해 준 어머니, 아버지들의 존재감을 느끼게 되었다. 그런 삶과 일상을 이웃과 함께 나누는 아름다운 심성까지도! 이런 '지탱과 나눔'의 제주 음식들이 이 책을 통해 기록되고 오래 보전되어 다음 세대로까지 이어지길 진심으로 바란다.

책은 무엇보다 내용이 가장 중요할 테지만, 독자들에게 깊은 인상과 감동을 주는 데는 디자인이나 사진 같은 요소 역시 한몫을 할 것이다. 선생의 음식을 가히 진여원답게 담아낸 출판 팀에 박수와 갈채를 보내고 싶다. 더불어, 이 책이 세상에 나올 수 있게 애써 준 정경아 대표께도 깊은 감사의 마음을 전한다.

4 최성우(보안1942 대표)

코로나가 그 검은 정체를 본격적으로 드러내기 시작하던 2022년 2월, 제주 애월 하귀에 있는 진여원 선생의 '푸른부엌'에 사흘을 머물렀다. 앞마당의 먼나무가 크리스마스트리처럼 붉은 열매를 송송이 매달고 있고, 뒷마당에는 제주 토종 댕유자가 노랗게 달려 있던 그곳은 육지 사람에게 매우 비현실적인 공간으로 느껴졌다. 그 당시 수첩의 메모를 찾아보니 '정원의 힘'이라고 적혀 있다.

동행했던 도자기 작가는 그곳을 불편함을 즐기는 집, '불편당'이라고 불렀다. 첫날 진여원 선생이 내준 해녀밥상은 지금도 기억에 선명하다. 오래된 낮은 나무판 밥상에 편하게 턱 놓인 접시 위에는, 손글씨로 '해녀밥상-해물죽, 전복한치찜, 나물과 문어, 전복톳밥, 성게미역국, 청각동치미, 제주장아찌'라고 적힌 종이가 얹혀 있었다. 제주 무차와 함께 먹은 음식들은 슴슴하니 재료의 맛이 느껴졌다. 원재료의 모습과 맛을 찾아볼 수 없는 요즘 음식들과 사뭇 달랐다.

이런 음식을 만들어 내는 그녀의 부엌이 궁금해서 들여다보았다. 부엌은 낮고 작아서 진여원 선생이 서면 머리가 천장에 닿을 듯했지만 무언가 옹골찬 힘 같은 것이 느껴졌다. 그야말로 청명한 푸른 기운이 서린 '푸른부엌'이었다. 실제로 그 집 마당에 제주인들의 채소 신선고 역할을 하던 우영팟을 일궈 토종 감나무, 토종 댕유자를 비롯해 제피, 양하, 산초, 돌나물, 부추, 삼백초, 어성초, 오가피 등 약 40여 종의 제주 토종 작물을 키우고, 이를 '푸른부엌'을 통해 해녀밥상에 사용하고 있었다.

흙의 기운을 담은 식재료는 땅의 질서를 담고 있는 암호와 같다. 우리는 땅의 기운이 서린 음식을 먹으며 오랫동안 살아왔고, 우리 선인들은 땅의 식재료를 잘 키우고 가꾸고 보관해서 우리 몸으로 어떻게 들어오게 할지를 오랜 세월에 걸쳐서 몸으로 실험하고 체험해 왔다.

이렇듯 오래된 우리의 밥상에서, 물·불·흙의 세계가 함께 어우러져 몸속으로 들어오던 음식들이 사라지고 있다. 우리가 땅에서 흙의 기운을 빼앗아 땅을 재화적 가치로만 바라보게 되었을 때, 우리의 공동체는 무너졌다. 땅을 딛고 살아가는 우리가 땅에 대해 지켜야 할 것들을 지키지 않고, 존중해야 할 것들을 존중하지 않을 때, 자연과 우리의 오래된 협정은 파기되었다.

이러한 때 진여원 선생이 『제주 섬·집·밥』이라는 책을 내셨다 해서 반가웠다. 이 책 안에는 자연과 인간의 관계를 회복하고 우리 몸에 땅의 기운이 다시 흘러 들어오게 하는, 무너진 공동체를 회복하는 푸른 밥상의 이야기가 가득했다. 그래서 나에게는 이 책이 단순한 음식책이라기보다 땅과 바다, 사람과 자연 사이의 교감과 소통에 대한 웅숭깊은 이야기책으로 여겨진다.

차례

쓰다 제주 한식의 뿌리

찾다 전통 구전 음식

캐다 비밀 가득한 해녀 음식

먹다 사계절, 치유 한식

읽다 제주 음식 동화

책 속의 책
맛의 항해, 맛의 방주 243

제주푸른콩장 / 제주흑우 / 제주강술 / 제주꿩엿 / 제주댕유자 / 제주순다리 혹은 쉰다리 / 제주재래감 / 제주재래돼지 / 골감주 / 산물 / 자바리 / 제주오분자기 / 자리돔 / 우뭇가사리 / 옥돔 / 톳 / 구억배추 / 제주재래닭 / 제주참몸 / 제주전복 / 제주홍해삼 / 제주고소리술 / 붉바리 / 모인산디 원산디 / 개발시리 조 / 강돌아리 / 둠비 / 제주오합주 / 제주오메기술 / 삼다찰 / 수애

먼저, 기본 준비

책 속의 계량

1컵: 200㎖
1큰술: 15㎖
1작은술: 5㎖

채수

장아찌, 김치 등을 담글 때 설탕 대신 단맛을 보충하는 데 사용한다.

다시마(10㎝×10㎝) 3장, 말린 표고버섯 5개, 무 150g, 양파 1개, 대파 2대, 말린 고추 2개, 양배춧잎(큰 것) 2장, 물 15컵

1 다시마와 말린 표고버섯은 분량의 물에 30분가량 불린다.
2 무는 토막 내고, 양파는 반으로 가르고, 대파는 3등분한다.
3 넉넉한 크기의 냄비에 분량의 물과 모든 재료를 담고 센불로 끓인다. 끓어오르면 다시마는 먼저 건진다. 약한 불로 줄인 다음 30분가량 뭉근하게 끓인다. 이때 거품이 생기면 걷어 낸다.
4 고운 체에 채소 우린 물을 걸러 식힌 후 유리 용기에 담아 냉장보관한다. 냉장고에서 약 3~4일 보관 가능하다.

멸칫국물

제주어로 감칠맛을 배지근한 맛이라고 표현하는데,
생선국이나 조림 요리에 깊은 맛을 낼 때 사용한다.

멸치 200g, 다시마(10㎝×10㎝) 3장, 말린 표고버섯 5개, 무
150g, 양파 1개, 대파 2대, 말린 고추 2개, 물 15컵

1 멸치는 내장을 제거하고 마른 팬에 살짝 볶아 비린내를
  없앤다.
2 다시마와 말린 표고버섯은 분량의 물에 30분가량 불린다.
3 무는 토막 내고, 양파는 반으로 가르고, 대파는 3등분한다.
4 넉넉한 크기의 냄비에 분량의 물과 모든 재료를 담고 센불로
  끓인다. 끓어오르면 다시마는 먼저 건진다. 약한 불로 줄인
  다음 30분가량 우린다.
5 고운 체에 멸치 우린 물을 걸러 식힌 후 유리 용기에 담아
  냉장보관한다. 냉장고에서 약 3~4일 보관 가능하다.

다시마 물

맑은 국물 요리, 된장냉국이나 물회 등에 사용한다.

다시마(10㎝×10㎝) 5장, 말린 표고버섯 5개, 대파 1대, 물 15컵

1 다시마는 표면에 붙은 모래나 이물질 등을 씻어 낸 다음
  분량의 물에 30분가량 불리고, 대파는 3등분한다.
2 넉넉한 크기의 냄비에 분량의 물과 모든 재료를 담고 센불로
  끓인다. 끓어오르면 다시마는 먼저 건진다. 약한 불로 줄인
  다음 30분가량 우린다.
3 고운 체에 다시마 우린 물을 걸러 식힌 후 유리 용기에 담아
  냉장보관한다. 냉장고에서 약 3~4일 보관 가능하다.

쓰다

제주 한식의 뿌리

버려지는 법이 없었다.
양파망 하나
허드레 끈 한 줄
깨진 사발 조각이거나
심지어 쉰밥에도 쓸모가 생겼다.

섬집의 어머니들은
바다를 뒤지고 텃밭을 일궜다.
땅속 깊숙이 숨은 약초까지 캐어
꼿꼿한 밥상을 차렸다.
모두 다 없이 살았던,
모든 것이 부족했던 날들이었다.

결핍.

제주 한식의 뿌리는
결핍이 그 씨앗이었을 것이다.
그럼에도 가난에 지지 않았던,
강한 어머니들의 지혜로운 손끝이
사람을 살리는 밥상을 지어 온 것이라고
믿는다.

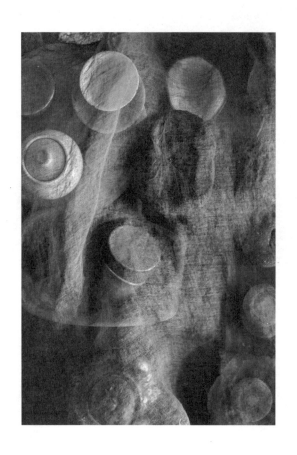

1   섬·집·밥

"제주 어머니들은 한 집안의 주부이기 이전에 물질을 하는 바다 사람이었지요. 짐작도 못할 만큼 치열하게 사셨어요. 하늘이 바다인지, 바다가 하늘인지 싶게 시퍼런 새벽부터 물질이 시작되지만, 식구들 끼니 거르게 하는 법은 없었습니다. 대신, 설렁설렁 후다닥 밥상이었어요. 좀 전까지 밭에 있던 채소들이 밥상 위로 올라오는 데는 채 5분도 안 걸렸다고 기억해요. 채소 우린 물에 바다 양식 넣고 된장 조금… 그러면 또 그대로 멀쩡한 국이 되었지요.

계량은커녕 간도 안 보셨어요. 싱거운 맛이었습니다. 양념은 그저 흉내만 내는 정도? 그런데도 먹을 때마다 맛있었던 건 싱싱한 식재료들이 뒷배가 되어 준 덕분일 겁니다. 실은 쌀 한 톨도 함부로 버리는 법 없던 절약의 습성 때문에 진한 양념을 못 하셨을 거예요. 곡식도 양념도 아주 귀했던 시절이니까.

제주 어머니들이 그래요. 아니다, 싶을 때는 바늘 끝도 안 들어가게 치밀한 짠순이 생활꾼이셨어요. 떡 삶은 물도 그냥 버리지 않았습니다. 쌀 전분 섞인 물에 된장과 배추를 넣고 탕을 끓여 먹이셨지요. 잔치 때만 먹을 수 있었던 돼지고기 삶은 물도 몇 날 며칠 동안 육수로 쓰셨어요. 요즘 제주의 명물이 된 몸국은 돼지 삶은 물에 모자반을 넣어 끓였던 것이 유래가 되었습니다.

저마다의 생활은 누구랄 것도 없이 빠듯했습니다만, 제주에는 밥상을 나누는 통 큰 전통이 있습니다. 어머니들이 마당에 밥상을 차려 놓고 나가기가 다반사였는데, 누구든 배고프면 들어와 먹고 가라는 신호였지요. 내 새끼든, 남의 집 식구든 상관없다는 인류애 같은 것, 그런 거라고 봐요. 어느 집 잔치가 있는 날은 동네 전체가 다 같이 들썩들썩했던 풍경도 기억납니다. 보태고 나누는 품앗이가 몸에 배서 그랬을 거예요.

마을 공동체 안에서 정을 쌓으며 일군 음식 문화가 제주 한식의 참모습입니다. 진짜 제주의 맛은 이런 뿌리를 가지고 이어져 왔던 거지요."

맛, 향, 식감까지! 재료의 물성 조리법

제주는 타 지역에 비해 문물 개방의 역사가 길지 않고, 고립과 단절의 시기 또한 제법 길어 그 덕분에 제주 음식 고유의 맛을 오랫동안 유지할 수 있었다. 제주 본연의 맛을 완성하는 절대 비결은 다름 아닌 재료에 있다. 저마다의 재료가 타고난 품성을 거스르지 않도록 하는 데 집중한다. 갖은양념이나 조미료를 보탤 이유가 없다. 바다에서 막 건져 올린 펄떡거리는 생선, 질 좋은 흙의 양분을 먹고 자란 채소와 약간의 고기가 주인공이 되는 까닭이다. 순수하고 신선한 맛, 순도 높은 음식이다.

입에서 입으로, 구전口傳 음식

레시피랄 것도 없는 단순한 음식이다. 할머니에서 어머니를 거쳐 딸에게로 이어져 온 간소한 음식. 입에서 입으로, 말로 전해졌다고 하여 '구전 음식'이라고 부른다. 어릴 때부터 부엌에서 어머니의 일을 도우며 배운 어깨너머 손맛, 머리가 아닌 몸이 기억하는 음식인 셈이다.

밭일에, 물질에 바쁜 해녀 어머니들은 뚝딱 요리의 달인이었다. 제철 재료에다 텃밭 채소 뚝뚝 떼어 넣은 뒤 된장이나 액젓, 참기름 정도의 양념을 휘 둘러서 슴슴하게 차려 냈다. 어려운 형편 때문에 후다닥 음식이 탄생했지만, 외려 이것이 사람을 살리는 건강한 음식의 바탕이 되었다.

약 없이도 충분하도록, 약식藥食

음식과 약은 근본이 같다는 뜻의 '약식동원藥食同源'이라는 말이 있다. 신선하고 영양가 있는 음식을 통해 몸의 균형을 맞추고, 질병을 예방하는 것을 목표로 삼아야 한다는 의미가 담겼다.

제주의 부엌에는 이런 약식동원의 정신이 뿌리를 내리고 있다. 약재이자 음식 재료로도 쓰이는 여러 식재료를 집집마다 심고 키웠는데 병원이 없던 시절, 약을 대신하는 지혜로운 민간요법 구실을 했다. 제철 재료를 활용하는 것은 기본 중의 기본. 여기에 보태어 저마다의 식재료가 지닌 효능을 최대한 살리는 조리법에도 관심을 쏟았다. 찌기, 삶기, 굽기 등의 건강한 조리법이 그것이다.

꿩엿이나 돼지고기로 동물성 단백질을 오래 저장해 평상시 부족한 영양을 공급했다. 마당에는 댕유자나무를 심어 겨울철 차로 마셨다. 감기약이 따로 필요 없었다. 습도가 높아 균이 생기기 쉬운 여름이면 제피나무가 약방이었다. 소화를 돕고 살균력도 강한 제피는 바닷고기나 채소의 벌레를 없애는 역할을 하기 때문이다. 제핏잎을 자리물회에 넣어 먹거나 날된장에 버무려 생채소와 곁들여 먹는 맛은 가히 일품이다.

어성초나 삼백초 같은 전문 약초를 키우는 일도 흔한 풍경이었다. 비상시에 약으로 쓰는 보물이었다. 이 외에도 양하, 부추, 상추, 들깨, 노각, 고추, 늙은 호박과 무, 배추는 어느 집 텃밭에나 살고 있는 일상 채소였다. 저마다의 집이 곧 저마다의 작은 채소 가게이자 약방이었다.

자연 장수식長壽食

제주인들이 장수했다는 기록은 옛 문헌에 자주 등장한다. 숙종 28년인 1702년에 제주목사로 부임한 이형상 (1653~1733)이 화공 김남길을 시켜 제작한 화첩 『탐라순력도耽羅巡歷圖』에 「제주양로濟州養老」가 실려 있다. 『탐라순력도』는 조선시대 제주도의 지리와 풍속을 기록한 귀중한 역사적 문서로, 「제주양로」는 당시에 제주 노인들을 어떻게 돌보았는지를 시각적으로 보여 주는 자료이다. 이를 보면 이형상이 왕을 대신하여 제주목에 거주하는 노인들을 대접하는 연회를 열었는데, 이 양로연養老宴에 참석한 노인들이 80세 이상 183명, 90세 이상 23명, 100세 이상 3명으로 장수 노인이 많은 것을 알 수 있다. 당시 평균수명이 기껏해야 40세 전후였음을 감안하면 제주인들의 장수 수준은 경이로울 정도다.

제주인들의 장수 비결은 고른 영양 섭취다. 제주인들은 바다밭과 땅밭에서 난 풍부한 비타민과 단백질을 고루 섭취했는데, 모두 자연이 공평하게 나누어 주는 선물이다. 또한 규모가 크든 작든, 제주 집들은 대부분 '우영팟'을 가지고 있다. 우영팟은 텃밭을 일컫는 제주어다. 기본적으로 사계절 내내 비교적 따뜻해서 채소를 키우기에 더없이 좋은 환경이고, 겨울에는 눈이 내리기도 하지만 영하권으로 뚝 떨어지는 일이 드문 데다, 돌담이 듬직한 바람막이 역할을 해 주니 최상의 생장 여건인 셈이다.

톳을 비롯한 갖은 해조류도 장수 비결로 꼽힌다. 밥을 지을 때마다 톳을 넣어 먹으면 수명이 늘어난다는 말이 있을 정도. 여기에 콩 단백질인 된장 위주의 양념, 신선한 생선과 해산물을 더한 영양의 균형까지 더해져 건강하게 나이 드는 일이 가능했을 것이다. 흑돼지는 대표적인 제주 명물이지만, 정작 현지인들은 돼지고기를 잔칫날이나 제사, 명절에나 먹을 수 있었다. 동물성 단백질을 제한할 수밖에 없었던 결핍의 환경과 문화가 외려 무병장수를 돕는 데 큰 몫을 했다.

간소한 조리법 역시 빼놓을 수 없다. 전통적으로 제주는 볶거나 튀기는 조리법을 거의 쓰지 않았다. 기름은 그저, 나물을 무칠 때 쓰는 약간의 참기름 정도? 나머지 음식은 대부분 삶거나 데치고, 구워서 먹었다. 물론, 생으로 먹는 자연 조리법도 즐겨 썼다. 그러고 보면 신선한 재료와 간단한 조리법이 건강에 좋은 영향을 끼치는 것이 분명해 보인다.

천혜의 미식

'고메Gourmet'는 미식가 또는 미식을 의미한다. 프랑스인들은 좀 더 넓은 의미로 '제철 재료를 가지고 지역 사람들이 오랫동안 만들어 먹어 온 문화와 정서가 잘 표현된 음식'이라는 말로 고메를 설명하기도 한다. 이렇듯 문화와 정서, 지역성이라는 개념까지 더한다면 제주 음식만 한 것도 없다. 제주 특유의 자연환경과 역사적, 문화적 배경 속에서 오랜 세월을 지나며 세대에서 세대로 전승된 음식은 제주만의 독특한 식단을 완성했다. 문화와 정서, 그리고 역사가 고스란히 담긴 제주 사계절 밥상은 '고메' 그 자체인 셈이다.

나눔, 품앗이 음식

제주에 전해 내려오는 신화 하나! 어느 날, 농경의 여신 금백조와 수렵의 신 소천국 부부가 함께 밭일을 나갔다. 부인 금백조가 점심밥을 가지러 간 사이, 허기를 참지 못한 소천국이 밭을 갈던 소를 잡아먹고 말았다. 화가 머리끝까지 치민 금백조는 "땅도 가르고, 물도 갈라 살림을 나눕시다!"라며 이혼을 선언했다.

이 신화에는 제주인의 정서가 고스란히 담겼다. 제주에서는 귀한 것, 특히 생명 유지에 절대적인 동물성 단백질을 개인의 것이 아닌, 마땅히 나눠 먹어야 하는 공동체의 음식으로 여겨 왔기 때문이다. 게다가 맛있는 것을 혼자 먹어 치우는 짓을 몹시 부끄럽게 생각하는 정서도 있었다.

조선 중기에는 무려 200여 년 동안 출륙금지령, 즉 제주 섬을 떠나는 것을 금지하는 정책이 내려져서 외부와 단절된 시기를 보내야 했다. 흉년으로 기근이 들면 삶을 이어 갈 수 없었기에 공동체의 힘 없이는 버틸 수 없는 환경이었다. 서로 돕고 의지해야만 생존할 수 있었던 특유의 상황 때문에 손윗사람은 삼촌, 손아랫사람은 조카라 부르면서 가족 같은 연대감을 키웠던 것. 이 호칭은 지금껏 통용되고 있다.

'잔치 먹으러 간다', '식게(제사) 먹으러 간다', '멩질(명절) 먹으러 간다', '영장(장례식) 먹으러 간다'. 제주에서 흔히 들을 수 있는 말이다. 제사나 명절, 혹은 잔치, 장례 등의 애경사가 있을 때는 자주 먹지 못했던 돼지고기와 쌀밥이 나오고, 시간과 정성이 많이 들어가 평소 만들기 힘들었던 마른 두부나 순대를 먹을 수 있었다. 그래서 제주에서는 제사나 명절, 애경사는 곧 '먹는 일'이기도 했다. 오죽하면 "제사 넘고 나면 사흘은 불을 아니 땐다"라는 속담이 있을 정도. 잔치나 제사 때 남은 음식을 아껴 먹으면 사흘도 지낼 수 있다는 뜻이다.

자연의 순환, 친환경 식단

푸드 마일리지, 탄소 발자국 같은 용어가 중요하게 부각되는 시대다. 기후 위기에 대처하는 생활 속 실천 역시 관심거리다. 이런 최근의 움직임을 제주 부엌에서는 이미 오래전부터 실천해 왔다. 제주의 어머니들이야말로 제로 웨이스트의 선두주자가 아니었을까, 싶을 만큼 지속적으로!

제주 전통 음식 중 하나인 '쉰다리'는 쉰밥도 버리지 않고 물에 씻어 누룩을 섞은 뒤 발효시킨 건강한 음료다. 찬밥, 쉰밥 할 것 없이 끝까지 다 먹기 위한 발견이었다. 돼지고기 적炙을 만들면 차롱(대나무로 만든, 뚜껑이 있는 사각형 바구니)에 담고, 그 밑에 큰 대접을 받쳐 두었던 것도 기억난다. 그러면 대나무 틈새로 돼지고기 기름이 뚝뚝 떨어지는데, 그것을 모았다가 기름이 필요할 때 썼다. 특히 신김치를 볶을 때 고기를 넣은 듯 배지근한 맛을 내거나 빙떡을 지질 때 돼지기름이 아주 요긴하게 쓰였다.

흔한 식재료 중 하나인 콩의 200% 쓰임 방식을 보면 감탄이 절로 나온다. 잎은 따서 쌈으로 먹거나 장아찌를 담가 저장 식품으로, 콩가루를 만들어 두었다가 콩국이나 콩죽을 쑤어 먹고, 메주를 빚어 해마다 된장을 담갔다. 버려지는 콩대는 군불 때는 데 쓰고, 심지어 그 재를 모았다가 척박한 밭에 비료 삼아 뿌려 주었다. 자연에서 온 것을 다시 자연으로 돌려보내는 철저한 친환경 실천이다.

일일이 다 말할 수 없을 만큼 환경친화적인 제주의 식생활. 예전만큼은 아니겠지만 지금도 열린 마음으로 실천하는 이들이 많다. 이 책 속의 글과 음식도 누군가에게 건강한 영향을 끼칠 수 있었으면, 싶다.

2
양념이거나 **약념**

"양념의 어원이 약념藥念이라는 설이 있습니다. '양념'이라는 단어는 순우리말이지만 원래는 한자말 '약념'이던 것이 자음동화에 따라 '양념'으로 발음되면서 굳어졌다는 말인데, 꽤 설득력 있게 들려요. 무엇보다 여기 담긴 속뜻에 마음이 동합니다. 음식에 양념을 더하는 까닭은 단순히 맛을 내기 위함이 아니라 건강을 살피는 행위라는 것. 다시 말해 양념을 약처럼 생각하고 귀하게 쓰라는 뜻이라는 건데, 썩 그럴듯하지요?

실제로 제주 한식에 쓰이는 양념은 약념에 가깝습니다. 과거에는 식초, 소금, 간장과 된장, 참기름 정도가 전부일 만큼 단출했었고, 소위 '갖은양념'을 넣어서 맛을 내는 음식도 찾아보기 어려웠습니다. 과유불급過猶不及, '넘침은 모자람과 같다'는 옛말을 자연스럽게 실천해 온 맛내기 방법이라 해야 할까요. 이렇듯 식재료 저마다의 고유한 맛과 식감을 살린 제주 원형의 음식, 약처럼 지혜롭게 썼던 양념 덕분에 제주 특유의 음식이 보전될 수 있었다고 봅니다."

소금

제주에는 현재 염전이 없다. 과거 몇 군데 있긴 했으나 1950년대 이후에는 생산을 멈췄다. 4.3사건과 전쟁까지 겪으며 개인이나 마을에서 운영하기가 어려웠던 데다, 도 차원에서도 신경 쓸 여력조차 없다 보니 제주산 소금은 역사 속으로 사라지고, 이젠 터만 남아 있다.

해남이나 강진을 통해 들어오는 소금은 비싸기도 하거니와, 대량 구매도 쉽지 않았다. 1960년대에는 제주 시장이 참관한 가운데 소금을 배급 받았을 정도였다.

이처럼 사정이 어려웠기 때문에 배추를 절일 때도 소금 대신 바닷물에 담그고 돌로 눌러 두는 방법을 쓸 만큼 소금은 아껴 써야 할 귀한 양념 중 하나였다. 심지어 1950년대 후반까지도 간물 장수가 마을마다 다니며 소금물을 팔았다는 이야기도 전해진다. 간물이란 음식에 간을 할 때 쓰는 물로, 소금을 끓여서 만들었다. 그만큼 소금이 귀한 자원이었다.

된장

제주 한식에는 된장으로 간을 한 음식이 많다. 고추장과 고춧가루를 기본양념으로 하는 뭍의 방식과는 사뭇 다르다. 물회나 냉국, 생선조림에도 된장을 사용한다. 된장의 주재료인 제주 콩은 척박한 화산회토에서도 잘 자라고, 온난한 해양성 기후 덕분에 단단하고 영양이 풍부하다. 한여름 뜨거운 햇살과 깨끗한 바람이 빚어낸 장맛이 음식에 그대로 반영된 셈이다.

더욱이 제주의 된장은 군내가 없기로도 유명한데, 그 이유 중 하나로 제주 옹기를 꼽는다. 제주 옹기는 화산 폭발로 생긴 화산회토가 그 원료이다. 유약을 바르지 않고 물과 불, 흙으로만 빚는 것이 특징이다. 이런 옹기로 장류를 숙성시키면 숨구멍을 통해 공기가 드나들어 발효과 잘되고, 내용물이 잘 부패하지 않아 저장성이 뛰어나다.

쉰다리식초

냉장고가 없던 시절, 여름에 보리밥을 지어 두면 고온다습한 섬의 기후 특성상 밥이 금세 쉬어 버린다. 이 쉰밥에 누룩과 물을 넣은 다음 발효시켜 마실거리를 만들었는데, 한 끼 식사거리이기도 했던 제주 전통 음료가 바로 '쉰다리' 또는 '순다리'다. 발효 시간을 길게 두면 술이 되고, 여기에서 더 발효가 진행되면 '쉰다리식초'다. 걸쭉하던 쉰다리가 윗물이 맑아지면서 풍미 깊은 곡물 식초로 변한다. 윗물만 떠서 병에 보관했다가 날생선을 먹을 때 된장에 섞거나 물회에 넣어 식중독 예방에 활용했다.

곶자왈과 우영팟에 알싸한 제피 향이 퍼지면 여름의 무더위를 식혀 주는 제주인의 소울푸드, 자리물회가 등장한다. 이때 곡물 식초의 원조 격인 쉰다리식초가 활약한다. 비린내를 잡아 주고 제균 역할을 하는 쉰다리식초와 제핏잎, 된장의 조합은 제주에서만 만날 수 있는 절묘한 절기 음식인 셈이다.

고춧가루

고추가 임진왜란 무렵 우리나라에 전해졌다는 기록으로 보아, 제주에서도 고춧가루를 김치나 음식에 사용한 역사가 길지 않음을 알 수 있다. 고추를 배로 운반했던 시대에는 더더구나 비싸고 귀해서 일상적으로 쓸 수 있는 양념이 아니었을 것이다.

고추 재배는 가능했지만 해양성 기후의 특성상 대량 생산이 어려웠다. 센 바람 탓에 고춧대가 쉽게 부러지고, 가루로 만들어도 높은 습도로 인해 쉽게 곰팡이가 슬었다. 건조에 맞지 않는 환경이었다.

그 대안으로 집집마다 텃밭에서 소량 재배한 생고추나 고춧잎을 따서 조리해 먹곤 했다. 따지 않고 두었던 고추가 대에 달린 채 말라 가면 그것을 모아 두었다가 김치를 담글 때 아주 조금씩 넣었다.

매운맛은 제피로 대신했다. 김치를 담글 때도 제피를 넣었고, 물회에도 고추장 대신 된장으로 간을 한 다음 제피를 넣어 고급스러운 매운맛을 더했다.

3   **찬의 기본**, 젓갈과 장아찌

"제주의 봄은 나물 캐는 걸음으로 시작됩니다. 봄기운이 들면 곶자왈이나 볕 좋은 돌담 밑 잡초를 따라서 비죽, 초록순 달래가 고개를 내밉니다. 봄소식 들고 온 그 녀석들은 말할 수 없이 반갑지요.

야생 달래는 추운 겨울을 버티는 동안 생긴 알싸한 매운맛이 일품인데, 제주에서는 '꿩마농'이라 부릅니다. 꿩이 먹는 마늘이라고 해서 붙인 이름이에요. 여름 더위를 이기는 데는 콩잎만 한 것도 없습니다. 콩잎은 쌈으로 먹고, 간장 부어 장아찌로 담가 먹으면 집 나갔던 입맛이 단숨에 돌아오지요. 가을 초입의 양하장아찌나 겨울의 무말랭이장아찌도 '역시!' 하는 맛입니다.

바다에 사는 여러 식구를 데려다 만드는 젓갈도 놓칠 수 없는 제주 한식의 자랑거리입니다. 나이를 먹어야 아는 맛, 쿰쿰한 세월의 맛, 처음은 비릿하나 끝내 완벽한 인생 감칠맛을 선물하는 진짜 어른의 음식이기 때문입니다.

자연을 먹는다, 하는 말의 깊은 저 밑바닥에는 장아찌와 젓갈이 있습니다. 요란한 자태는 아니지만 조용하게 위엄을 드러내는 카리스마가 있어요. 땅과 바다의 식재료가 정성과 세월을 만나 발효되는 과정을 거치기 때문일 겁니다. 이렇게 느린 음식과 친해지다 보면 사람의 뿌리도 단단하게 영글지 않겠는가, 생각해 보곤 합니다."

바다 저장식, 젓갈

"그 장醬은 익혀 먹어도 좋고 젓갈로 담가 먹어도 좋다."

- 정약전, 『자산어보兹山魚譜』 중에서

지금은 육지에서도 전복죽을 끓일 때 내장인 게우를 다져서 살과 함께 조리하는 것이 일반
적이지만, 내장을 버리고 살로만 죽을 끓이던 시절이 있었다. 게우를 넣고 끓인 전복죽은 제
주가 원조다. 전복 먹이가 해조류이다 보니 내장에는 아르기닌을 비롯해 타우린, 철분, 마그
네슘 등 다양한 성분이 함유되어 있다.
무엇보다 게우는 감칠맛의 왕. 소라젓을 담글 때도 게우가 들어가야 그 맛이 완성된다. 게우
만으로도 맛있지만 전복살이나 소라에 더해지는 게우는 고급스러운 천연 조미료다. 제주에
서는 지금도 귀한 손님을 대접할 때 전복살을 곁들인 게우젓을 내는데, 그때마다 고기반찬
물리치는 최상급 별미로 인정받는다.

전복내장젓 게우젓

전복 내장 1kg, 천일염 1컵

1 전복 내장이 터지지 않도록, 숟가락으로 조심스럽게 살과 분리한다.
2 내장은 소금물에 살살 흔들어 씻은 다음, 체에 밭쳐 물기를 뺀다.
3 손질과 세척을 마친 전복 내장에 분량의 천일염을 뿌린 다음, 골고루 섞이도록 버무린다.
4 열탕소독한 후 잘 말린 용기에 담고 바람이 잘 통하는 그늘에서 3주가량 보관한 뒤 먹는다.

멸치젓 멜젓

멸치 1kg, 천일염 200g

1 싱싱한 생멸치를 옅은 소금물에 가볍게 씻은 뒤 체에 밭쳐 물기를 뺀다.
2 ①의 멸치와 분량의 소금을 골고루 섞는다.
3 깨끗하게 씻어 말린 옹기 항아리에 멸치를 담는다.
4 항아리 입구에 면포를 씌우고, 끈이나 고무줄로 단단히 고정한 후 뚜껑을 덮는다.
5 바람이 잘 통하고 그늘진 곳에서 2개월가량 숙성시킨 후 먹으면 좋다.

생산량이 많고 값이 저렴한 멜젓은 자리젓과 함께 제주의 대표 젓갈로 꼽힌다. 돼지고기 수육이나 구이를 멜젓에 찍어 먹거나, 생콩잎에 멜젓을 얹어 쌈으로 먹는 것은 제주의 독특한 음식 문화다. 봄에 멜젓을 담가 두었다가 1년 내내 텃밭에서 나오는 채소를 곁들여 쌈으로 먹는다. 발효된 묵은 맛과 신선한 채소의 조합, 여기에 소량이지만 단백질까지 섭취할 수 있으니 더할 나위 없다.

자리젓

자리돔 1kg, 천일염 200g

1 크기가 작은 젓갈용 자리돔을 준비하고, 소금물에 씻은 뒤 체에 밭쳐 물기를 뺀다.
2 자리돔에 분량의 소금을 뿌려 골고루 섞는다.
3 깨끗하게 씻어 말린 옹기 항아리에 자리돔을 눌러 담는다.
4 항아리 입구를 깨끗한 광목으로 덮은 후 고무줄로 단단히 묶고 뚜껑을 닫는다.
5 그늘지고 통풍이 잘되는 실외에서 2개월가량 숙성시킨 후 생콩잎과 함께 먹으면 더욱 맛있다.

육지에서는 젓갈이 김치 부재료나 곁들여 먹는 정도의 역할을 한다면, 제주의 젓갈은 하나의 독립된 반찬. 여름에 밭으로 일을 나갈 때도 보리밥에 된장과 노각, 자리젓 정도만 챙겨 밭에서 딴 콩잎으로 자리젓 쌈을 싸서 먹었고, 된장에 노각을 썰어 넣고 물을 타서 즉석 냉국을 만들어 먹기도 했다. 제주인들은 항아리 가득 자리젓을 담가 두었다가 다음 해 자리가 나올 때까지 먹었다. 화산토 옹기 항아리에 저장한 젓갈은 시간이 지나면서 배지근한 맛과 잘 발효된 쿠싱한 냄새를 풍긴다. '배지근'은 달큰하고 적당히 기름진 감칠맛, '쿠싱'은 구수한 맛을 뜻하는 제주어다.

뿔소라젓

손질한 소라 1㎏, 소금 150g, 성게알(소금 1작은술)·전복 내장(소금 1작은술) 100g씩

1 껍질과 내장을 제거한 소라는 굵은소금으로 씻으면 검은 물이 나온다. 깨끗한 물에 서너 번
  헹군 후 채반에 밭쳐 물기를 제거한다.
2 성게알에 소금 1작은술을 섞어 버무리고, 전복 내장은 다져서 역시 소금 1작은술을 넣고
  버무린다.
3 ①의 소라에 분량의 소금을 넣고 잘 버무린다.
4 소금 간을 한 소라, 성게알, 전복 내장은 골고루 섞어 열탕소독한 옹기 단지에 눌러 담는다.
5 ④에 끓는 물로 소독한 누름돌을 얹은 후 면포를 씌우고, 고무줄로 고정한 뒤 뚜껑을
  닫는다.
6 바람이 잘 통하는 그늘진 곳에 일주일가량 보관했다가 먹는다.

'뿔소라젓이란 제주를 대표하는 젓갈로서…' 이렇게 쓰려니 왠지 좀 민망하기도 하고,
뒤꼭지가 서늘하다. 맛있다고 정평이 난 것은 전부 다 제주가 원조라고 읊어 대는 것
같아 괜히 송구한 기분도 들고! 하지만 달리 뾰족한 수가 없다. 덤덤히 사실을 말할 수
밖에.
뿔소라젓은 제주를 대표하는 젓갈이 맞다. 쫄깃한 식감에다 익으면서 깃드는 곰삭은 맛
이 어우러지면 셋이 먹다가 둘이 사라져도 모른다. 한번 맛보면 자다가도 벌떡 깨서 입
맛을 다시게 하는 맛이라고 할까. 전복젓과 함께 제주의 쌍두마차로 자리매김했지만 사
실, 두 젓갈은 감히 등수를 매길 수 없다. 간발의 차이라고나 할까.

성게알젓

성게알 500g, 천일염 3큰술

1 성게알은 체에 밭친 채 옅은 소금물에 살살 흔들어 껍질이나 이물질을 제거한 다음 물기를
  뺀다. 이때 민물에 헹구지 않는다.
2 세척을 마친 성게알에 분량의 천일염을 넣고 골고루 버무린다.
3 열탕소독한 유리병에 담아 실온에 2~3일 두었다가 먹기 시작한다.

성게알을 마냥 퍼 담아 상에 올리면 뭍에서 온 사람들의 환호성이 동시다발로 터진다.
약속이라도 한 듯 "대박!" 하고 외친다. 그만큼 성게알은 특별하고 품격 있는 존재다. 성
게알젓은 성게가 제철인 5월 말에서 6월 말 사이에 담가 먹는다. 생으로 먹기에도 부족
한데 젓갈을 만든다는 것이 믿어지지 않을 수도 있지만, 잘 삭은 성게알은 또 그것대로
맛이 깊고, 생물보다 오래 두고 먹을 수 있다는 장점이 있다.
성게알젓은 따뜻한 밥에 참기름만 넣고 비벼도 천상의 맛이지만, 소라젓이나 전복젓에
아주 조금 섞으면 감칠맛이 폭발적으로 올라온다. 단, 냉동 성게가 아닌 싱싱한 성게를
사용해야 하기에 5~6월 제철을 기다릴 수밖에 없다. 성게알젓 하나만으로도 어느새 입
안에 침이 고이는데 소라젓에 전복젓까지라니! 이런 것이야말로 섬집 밥상의 특혜이자
순박한 사치다.

땅의 선물, 장아찌

풋마늘대장아찌
콧대산이장아찌

제주재래감잎장아찌

달래장아찌
꿩마농장아찌

풋마늘대 1㎏, 진간장·채수·식초 2컵씩,
설탕 1컵, 소주 ½컵

1 풋마늘대는 연한 것으로 골라 따로 떼어
  줄기 사이사이를 깨끗이 씻은 다음
  물기를 제거하고, 3㎝ 길이로 썬다.
2 분량의 진간장과 채수, 설탕을 팔팔 끓인
  다음 식히고, 식초와 소주를 넣고 잘
  섞는다.
3 열탕소독한 용기에 물기 뺀 풋마늘대를
  넣고 ②의 간장물을 붓는다.
4 ③은 실온에서 3일가량 숙성시킨 뒤
  간장물을 따라 내고, 다시 한번 팔팔
  끓인 후 충분히 식혀서 다시 붓는다.

감잎 50장(4~5월 감잎), 소금 약간,
진간장·채수 2컵씩, 조청·식초 1컵씩

1 감잎은 흐르는 물에 깨끗이 씻어 준비한
  다음, 소금을 약간 넣은 끓는 물에
  넣었다가 바로 건져 찬물에 헹군다.
2 데친 감잎은 체에 밭쳐 물기를 뺀다.
3 냄비에 진간장, 채수, 조청, 식초를 넣고
  끓인 후 식힌다.
4 깨끗이 씻어 열탕소독한 유리 용기에
  감잎을 차곡차곡 담고, 끓여 식힌
  간장물을 붓는다.

달래 500g 진간장·채수 1컵씩,
식초 ½컵

1 달래는 풋내가 나지 않도록 살살 헹군 뒤
  물기를 뺀다.
2 냄비에 분량의 진간장과 채수를 넣고
  끓여 달임장을 만든다.
3 깨끗이 씻어 열탕소독한 유리 용기에
  ①의 달래를 넣는다.
4 한 김 식힌 달임장에 분량의 식초를
  넣고 잘 저은 후 ③의 용기에 붓는다.

무말랭이장아찌　　제핏잎장아찌　　콩잎장아찌

무말랭이 300g, 진간장 1½컵, 채수 1컵,
식초 1컵, 설탕 ½컵

1 무말랭이는 물에 가볍게 씻어 물기를
　짜지 않고 채반에 밭쳐 물기를 뺀다.
　이렇게 하면 식감이 부드러워진다. 물에
　담가 두면 무 특유의 단맛이 빠지므로
　삼간다.
2 냄비에 진간장과 채수, 나머지 분량의
　재료를 넣고 한소끔 끓인 후 식힌다.
3 열탕소독한 유리 용기에 무말랭이를
　차곡차곡 담은 후 달임장을 붓는다.
4 ③은 3일 후 국물만 따라 내어 한 번 더
　끓인 뒤 식혀서 다시 붓는다.

제핏잎 500g, 진간장 1½컵, 채수 1컵,
설탕 ½컵, 식초 ½컵

1 봄에 나는 부드러운 제핏잎을 골라 살살
　흔들어 씻은 뒤 채반에 밭쳐 물기를
　뺀다.
2 냄비에 분량의 진간강과 채수, 설탕을
　넣고 끓여 달임장을 만든다.
3 깨끗하게 씻어 열탕소독한 유리 용기에
　①의 재핏잎을 넣는다.
4 한 김 식힌 달임장에 분량의 식초를
　넣고 잘 저은 후 ③의 용기에 붓는다.

콩잎 250g, 진간장·채수 1컵씩,
설탕·식초 ½컵씩

1 콩잎은 깨끗이 씻어서 채반에 밭쳐
　물기를 제거한다.
2 냄비에 진간장과 채수, 설탕을 넣고
　한소끔 끓여 달임장을 만든다.
3 깨끗하게 씻어 열탕소독한 유리 용기에
　콩잎을 차곡차곡 담는다.
4 한 김 식힌 달임장에 분량의 식초를
　넣고 잘 저은 후 ③의 용기에 붓는다.

깨송아리장아찌

들깨송이 500g, 진간장 1½컵, 채수 ½컵, 설탕 ½컵, 식초 ½컵, 소주 ½컵, 말린 고추 2개

1 들깨송이는 깨끗이 씻어 물기를 완전히 제거한다.
2 냄비에 진간장, 채수, 설탕, 말린 고추를 넣고 한소끔 끓여 달임장을 만든다.
3 깨끗이 씻어 열탕소독한 용기에 깨송이를 차곡차곡 담는다.
4 한 김 식힌 달임장에 분량의 식초와 소주를 넣고 잘 저은 후 ③의 용기에 붓는다.

깻잎장아찌만 알고 살아온 사람이라면 맛의 신세계를 경험하기 좋을 비장의 찬. 멋모르고 한 입 물었다가 오독오독 씹히는 질감과 소리에 눈과 귀가 번쩍 뜨일 수도!
깻잎에 꽃이 피고 들깨송이가 맺기 시작하면 간장에 절여 장아찌를 담근다. 육지에서는 깨송이로 부각을 만들어 먹기도 했다지만, 제주에서는 꿈도 못 꿀 일이었다. 물질을 하고, 밭일도 하고, 물을 길어 밥을 짓는 바쁜 삶에서 반찬 하나에 며칠을 쓴다는 건 있을 수 없는 일이었다.
그럼에도 깻잎과 깨송이의 맛을 익히 알고 있으니 장아찌로 대신했다. 주인공 들깨보다 외려 깻잎과 깨송이에 더욱 큰 흑심을 품고 재배한다 해도 과언이 아니다. 왜 이렇게까지 하는지, 그 이유는 먹어 보아야만 알 수 있다.

"자세히 보아야 예쁘다. 오래 보아야 사랑스럽다."

나태주 시인의 시 「풀꽃」에는 이런 구절이 담겨 있다. 만약에 시인이 제주의 양하꽃을 본 적이 있다면, 이 시의 제목을 「양하꽃」이라고 하지 않았을까. 양하의 꽃은 그만큼 예쁜 자태를 지녔다. 다만, 땅 밑 흙 속에서 피기에 자세히 살피지 않으면 존재조차 알 수 없다. 제주에서는 '양애'라고 부르는 생강과의 향신채, 양하. 봄에는 새순을 된장국에 넣어 먹고, 초여름에는 쌈채소와 곁들여 먹는다. 끈적한 더위가 단숨에 가실 만큼 그 향이 매우 독특하다. 가을로 들어서면 꽃이 피기 전에 수확해서 장아찌를 담그거나 나물 반찬으로 먹는데, 추석 차례상에 늙은호박나물, 고사리나물과 함께 빠지지 않고 올렸다. 제주도와 전라남도의 일부 지역에서 자라며, 제주가 주산지라 할 정도로 기후도 맞고 소비도 많이 된다. 독특한 향의 알파피넨 성분이 항균 작용을 해 식중독 예방에 도움을 준다. 해물과 생선을 자주 먹는 제주 사람들과 궁합이 좋은 향신채라고 하겠다.

양하봉오리장아찌

양하 1kg, 진간장 2컵, 채수·식초 1컵씩, 설탕 ½컵, 말린 고추 2개

1 양하는 질긴 부분의 겉껍질은 벗겨 내고 깨끗이 씻어 물기를 뺀다.
2 냄비에 진간장과 채수, 설탕, 말린 고추를 넣고 한소끔 끓여 달임장을 만든다.
3 깨끗하게 씻어 열탕소독한 유리 용기에 양하봉오리를 차곡차곡 담는다.
4 한 김 식힌 달임장에 분량의 식초를 넣고 잘 저은 후 ③의 용기에 붓는다.
5 양하가 달임장에 잠기도록 꾹 눌러 주고 뚜껑을 닫은 후, 통풍이 잘되는 곳에서 실온에
　보관한다.

찾다

전통 구전 음식

가난하고 부족한 것이 많았던

그 옛날에 비하면

이즈음 우리의 식사는

매 끼니가 풍년이다.

그런데도 아주 오래전,

허기진 시절의 밥상을

간혹 떠올리고는 한다.

해녀 어미의 슬하에 살면서 먹었던

수채화 같은 음식들이다.

입에서 입으로 전해 온 제주 구전 음식.

옛집 담장 너머의 손맛 중에서

긴 세월 전해 내려온

제주의 맑은 음식을 책 속에 싣는다.

같이 먹어 보았으면, 싶다.

"제주에는 낭푼 밥상이라는 게 있습니다. 늘 바빴던 제주 어머니들이 시간을 아껴 쓰기 위해 차려 낸 밥상입니다. 바닥이 편편한 그릇 '양푼'을 제주에서는 '낭푼'이라고 합니다. 그 낭푼 한가득 밥을 떠서 상 한가운데 놓고, 텃밭에서 자라는 채소를 뜯어다가 멜젓이나 자리젓만 곁들여도 상이 차려졌으니 얼마나 간단한가요. 식구들 모두 상에 둘러앉아 퍼다가 먹는 거예요. 밥도 찬도, 모두 다 저 먹을 만큼씩만.

그렇다고 날이면 날마다 풀만 먹었던 건 아닙니다. 바다 짠내가 은은히 배어 있는 생선과 해산물도 눈에 선해요. 선도 높은 생물이 음식으로 변신하면 그 맛이란 대체 불가입니다. 한 입 떠 넣으면 마치, 입안에 바다가 출렁이는 것 같은 싱싱한 맛이었어요.

그런 밥을 먹고 자랐습니다. 갖은 투정을 다 부려도 고기반찬 같은 게 나올 리 없다는 걸 일찌감치 알았지요. 허름한 듯 간소했던 매일의 밥, 우리 엄마 밥. 충분히 나이 든 지금에도 그 순박한 밥상이 떠오르고는 합니다. 이런 얘기, 어떨지 모르지만 한번 들어 보시지요. 이렇게 곰삭은 밥상 이야기."

성게국

성게알·불린 미역 100g씩, 국간장 1½큰술,
다시마 물 4컵, 소금 약간

1 성게알은 체에 밭쳐 옅은 소금물에 살살 흔들어 씻으며
  껍질이나 이물질을 제거한 뒤 물기를 뺀다. 수돗물에 다시
  헹구지 않고 사용한다. 냉동 성게알도 자연해동 후 물에 따로
  헹구지 않는다.
2 미역은 찬물에 30분가량 불린 뒤 먹기 좋은 크기로 썬다.
3 다시마 물을 준비한다.
4 다시마 물에 ②의 미역을 넣고 10분가량 끓인 다음 ①의
  성게알을 넣는다.
5 성게국은 뚜껑을 열고 끓여야 넘치지 않는다. 오래 끓이면
  풍미가 사라지므로 성게알을 넣은 후에는 한소끔만 끓이고
  국간장으로 간한다. 부족한 간은 소금으로 마무리한다.

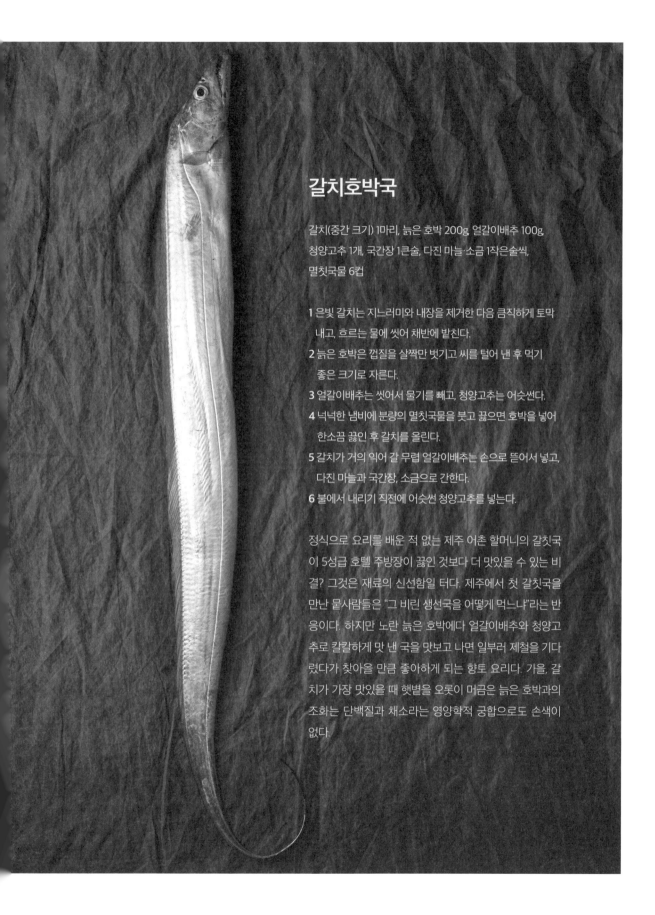

갈치호박국

갈치(중간 크기) 1마리, 늙은 호박 200g, 얼갈이배추 100g,
청양고추 1개, 국간장 1큰술, 다진 마늘·소금 1작은술씩,
멸칫국물 6컵

1 은빛 갈치는 지느러미와 내장을 제거한 다음 큼직하게 토막
  내고, 흐르는 물에 씻어 채반에 밭친다.
2 늙은 호박은 껍질을 살짝만 벗기고 씨를 털어 낸 후 먹기
  좋은 크기로 자른다.
3 얼갈이배추는 씻어서 물기를 빼고, 청양고추는 어슷썬다.
4 넉넉한 냄비에 분량의 멸칫국물을 붓고 끓으면 호박을 넣어
  한소끔 끓인 후 갈치를 올린다.
5 갈치가 거의 익어 갈 무렵 얼갈이배추는 손으로 뜯어서 넣고,
  다진 마늘과 국간장, 소금으로 간한다.
6 불에서 내리기 직전에 어슷썬 청양고추를 넣는다.

정식으로 요리를 배운 적 없는 제주 어촌 할머니의 갈칫국
이 5성급 호텔 주방장이 끓인 것보다 더 맛있을 수 있는 비
결? 그것은 재료의 신선함일 터다. 제주에서 첫 갈칫국을
만난 뭍사람들은 "그 비린 생선국을 어떻게 먹느냐"라는 반
응이다. 하지만 노란 늙은 호박에다 얼갈이배추와 청양고
추로 칼칼하게 맛 낸 국을 맛보고 나면 일부러 제철을 기다
렸다가 찾아올 만큼 좋아하게 되는 향토 요리다. 가을, 갈
치가 가장 맛있을 때 햇볕을 오롯이 머금은 늙은 호박과의
조화는 단백질과 채소라는 영양학적 궁합으로도 손색이
없다.

자리는 제주 근해에서 많이 잡히는 자리돔의 줄임말이다. 5월부터 8월까지 제주에서만 맛볼 수 있는 생선으로 구이와 조림, 젓갈, 물회 등으로 다양하게 즐긴다. 비늘이 없는 꽁치나 갈치에 비해 비린내가 적기 때문에 제주에서는 맑은 생선이라고 한다. 모유 수유하는 엄마가 먹어도 탈이 없다고 하여 오뉴월에 출산한 산모도 먹는다. 제핏잎과 된장을 넣은 자리물회는 비린내를 없애 주고 향미를 끌어올린다. "여름에 자리물회 세 그릇만 먹어도 겨울 감기를 물리친다"라는 말이 있을 정도의 영양식이다.

제주에는 "한치가 쌀밥이라면 오징어는 보리밥이고, 한치가 인절미라면 오징어는 개떡이다"라는 속담이 있다. 이처럼 한치는 제주에서 크게 대접받는 식재료. 식감이 연하고 씹을수록 단맛이 나며, 투명하고 하얀 몸통이 쌀밥을 연상시키는 한치는 여름에 많이 잡히는 오징엇과의 해산물로 자리물회와 더불어 무더운 여름 밥상을 풍성하게 만들어주는 향토 음식이다. 생된장을 풀어 만든 한치냉국을 좋아하거나 잘 먹게 되면 "제주 사람 다 됐네"라는 말을 들을 수 있게 된다.

자리물회

자리돔 400g(식초 3큰술), 오이 ½개, 풋고추 2개, 깻잎 3장, 미나리 5뿌리, 부추 5뿌리, 제핏잎 약간,
다시마 물 4컵, 양념장(식초 1큰술, 된장 2큰술, 참기름 ½큰술, 다진 마늘·생강즙·통깨 1작은술씩)

1 자리돔은 작은 크기로 준비한다. 비늘과 지느러미, 내장을 제거하고 소금물에 한 번 씻은 후 다시
   맑은 물에 헹구고, 채반에 밭쳐 물기를 뺀다.
2 대가리는 따로 떼어 잘게 다진다. 몸통 부분은 최대한 얇게 어슷썰기를 한 후 식초에 10분간 재워
   뼈를 부드럽게 만들어 놓는다. 다진 대가리를 넣어야 감칠맛이 살아난다.
3 오이는 채 썰고 고추, 깻잎, 미나리, 부추는 먹기 좋은 크기로 썬다.
4 분량의 재료를 한데 고루 섞어 양념장을 만든다.
5 큰 볼에 자리돔, 다진 대가리, 오이, 고추, 깻잎, 미나리, 양념장을 넣고 고루 버무린다.
6 ⑤에 분량의 다시마 물을 붓고 제핏잎과 부추를 띄운 뒤 기호에 따라 식초와 된장을 더한다.

한치물회

한치 2마리(약 300g 내외), 오이·붉은 고추 ⅓개씩, 풋고추 1개, 깻잎 3장, 부추 5뿌리, 다시마 물 4컵,
통깨 1작은술, 양념장(된장·식초 2큰술씩, 다진 마늘·생강즙 1작은술씩)

1 먼저 한치는 먹물과 내장을 터지지 않게 조심조심 제거하고, 흐르는 물에 여러 번 씻어 물기를 뺀
  후 가늘게 채 썬다.
2 오이와 깻잎은 채 썰고, 붉은 고추와 풋고추는 어슷썰기, 부추는 잘게 썬다.
3 분량의 재료를 한데 고루 섞어 양념장을 만든다.
4 넉넉한 볼에 한치와 양념장, 부추를 제외한 나머지 채소를 담은 후 고루 버무린다.
5 ④에 분량의 다시마 물을 붓고 부추와 통깨를 함께 올린다. 기호에 따라 식초와 된장의 양을
  조절하고, 매콤하게 즐기고 싶다면 고춧가루를 먹기 직전에 넣는다.

제주 수제비 조배기 가 만두만큼 크고 두꺼운 까닭

육지 친구들이 가끔 찾아온다. 그럴 때 제주 토종 집밥을 한 상 차려 먹인다. 한번은 수제비를 해 주었더니 놀리면서 농담을 건넸다. 수제비를 이렇게 두껍고 크게 만들면 육지에서는 얌전하지 못하다고 시어머니께 호통을 듣는다는 것이다. 반면 제주에서는 육지 수제비처럼 만들었다가는 외려 시어머니께 야단을 맞는다. 할 일이 얼마나 많은데 한가롭게 수제비 만드는 데 시간을 쓸 거냐, 하는 지청구다.

해녀 어머니들은 대개 1인 10역의 주인공이었다. 물때에 맞추어 살아가는 고된 삶에다 밭일과 물질, 육아, 우물물 길어 나르기까지 고스란히 도맡아야 했다. 어디 그뿐일까. 거칠거칠한 땅을 기름지게 만들기 위해 직접 캔 해초나 태풍에 밀려온 해초를 모아 밭에 뿌렸다. 수확량을 늘리기 위함이었다. 불을 때고 밥을 지은 후에 생긴 재도 거름용으로 가마니에 모아 두었다가 밭으로 져 날랐다. 잠자는 시간도 모자랄 만큼 바쁜 어머니들은 촌음을 아끼며 살아야 했다. 얼른 일을 마치고 물때에 늦지 않게 바다에 들어가서 전복, 소라를 캐야만 아이들 학비도 내고 쌀도 살 수 있기 때문. 그러자면 수제비 하나 만들 때도 후다닥 뚝딱 해치워야 했다.

가루를 손에 묻힐 새도 없이 숟가락으로 물과 가루를 얼른 개어 가며 반죽한다. 손에 묻은 가루 떼어 낼 시간도 아껴야 하기 때문이다. 그러니 종잇장처럼 얇은 육지의 수제비를 흉내 낼 겨를이 없다. 어른 숟가락으로 한가득 떠서 만든 크고 두꺼운 제주 수제비가 될 수밖에 없었다.

출산한 딸에게 친정어머니가 끓여 내는 음식이 미역메밀수제비인데, 이 또한 숟가락으로 떠서 만들어 웬만한 만두 크기다. 여름날, 별식으로 해 주던 호박잎수제비도 마찬가지다. 지금도 시간을 허투루 쓴다는 생각이 들 때면 손에 묻은 밀가루 떼어 내는 시간조차 아끼며 최선을 다해 살아 낸 해녀 어머니들의 바쁜 두 손을 떠올리고는 한다.

호박잎보리수제비

호박잎 10장, 보릿가루 3컵, 물 1컵, 멸칫국물 5컵, 국간장 2큰술

1 호박잎은 줄기 끝을 꺾어 얇은 껍질을 벗긴다. 손질한 잎을 손으로
  적당한 크기로 뜯은 뒤 바락바락 문질러 씻어 초록 물을 뺀다.
2 보릿가루는 분량의 물을 넣고 숟가락으로 골고루 저으며 반죽한다.
3 멸칫국물이 끓기 시작하면 호박잎을 넣고 끓이다가 ②의 보릿가루
  반죽을 숟가락으로 떠 넣고 한소끔 끓인다.
4 마지막에 국간장으로 간한다.

고기국수

삼겹살 300g(된장 1큰술, 마늘 4톨, 양파 ½개, 생강 ½톨, 대파 1대, 물 7컵),
중면 300g(물 12컵), 데친 콩나물 100g 국간장 2큰술, 소금·고춧가루·통깨 1작은술씩

1 넉넉한 크기의 냄비에 분량의 물을 담은 다음 된장을 풀고, 삼겹살과 마늘, 양파, 생강,
  대파를 넣고 40분가량 삶는다.
2 ①의 돼지고기는 건진 다음 식혀서 얇게 편 썰고, 국물은 체에 거른다.
3 큰 냄비에 분량의 물을 담아 끓어오르면 국수를 넣고 4~5분간 삶는다. 삶은 국수는 찬물에
  여러 번 헹궈 전분기를 제거한 후 채반에 밭쳐 사리를 만든다.
4 대파는 어슷썰고, 콩나물은 아삭하게 데친다.
5 ②의 체에 거른 육수에 국간장과 소금을 넣고 한소끔 끓인다.
6 넓은 그릇에 국수사리를 먼저 담고, 편 썬 돼지고기와 콩나물, 대파를 올린 후 뜨거운
  육수를 붓는다.
7 먹기 직전 고춧가루와 통깨를 뿌린다. 부족한 간은 소금으로 한다.

"고려는 밀 농사가 많지 않아서 밀가루가 귀하다. 밀가루가 비싸므로 결혼식 때나 먹을
수 있다."

- 서긍, 『고려도경高麗圖經』 중에서

송나라 사신 서긍이 고려를 방문하고 남긴 기록에서 보듯이 그렇게 귀했던 밀가루로 만
든 잔치국수는 지금도 즐겨 먹는 제주 대표 국수다. '국수 먹은 배'라는 속담이 있을 만
큼, 먹으면 금방 배가 부르지만 얼마 안 가서 쉽게 꺼지는 음식으로 알려져 있다. 하지만
제주의 잔치국수는 다르다. 돼지고기 삶은 육수에 국수사리를 넣고, 고기를 듬뿍 얹어
내기 때문이다. 잔치 때 큰 가마솥에 돼지를 삶으면 그 육수에 모자반을 넣어 몸국을 끓
이는 풍습이 있었다. 이 국물에 모자반 대신 국수를 말아서 고기까지 얹어 대접했는데,
이것이 지금의 고기국수로 자리 잡았다. 고기국수를 잔치 음식으로 대접하기 시작한 건
1950~60년대. 면도 고기도 귀한 시절이라 몸국과 더불어 국수도 특별한 날 먹는 음식
이 되었다. 이후 대중적으로 알려지기 시작하며 제주의 명물 음식으로 자리 잡았다.

사돈댁에 팥죽 지고 가는 날

제주 팥죽은 육지 팥죽에 비해 간단하다. 찹쌀이 귀한 곳이니 새알심도 없고, 삶은 팥을 체에 걸러 팥물
로 죽을 쑤는 것이 아니라, 쌀과 팥을 함께 넣어 껍질을 분리하지 않은 통팥 그대로 삶아 먹었다. 쌀도
팥도 모두 귀했기 때문에 체에 걸러 내는 껍질조차 아까웠던 까닭이다. 얼마나 대단한 절약 정신인가.
제주에서는 사돈댁에 상이 나면 당사돈(친사돈)이 팥죽을 쑤어 허벅(옹기로 만든 물동이)에 담아서 구
덕(대나무로 만든 장방형의 바구니)에 지고 찾아갔다. 상을 입고 경황이 없어서 음식 준비할 겨를도 없
을 때 사돈이 부조한 팥죽을 나누어 먹었다. 진심과 예의를 갖춘 정성스러운 부조 문화였다.

제주팥죽

붉은팥·쌀 1컵씩, 소금 1½큰술, 물 12컵

1 팥은 깨끗이 씻어 5시간 이상 물에 불린 다음, 냄비에
  물을 넉넉히 넣고 휘리릭 끓인 후 물은 버린다.
2 쌀은 깨끗하게 씻어 1시간 정도 불린다. 쌀 씻을 때 서너
  번째 물을 따로 받아 둔다.
3 냄비에 분량의 쌀 씻은 물을 넣고 ①의 팥을 부어 팥알이
  퍼질 때까지 삶는다.
4 팥이 무르게 익으면 팥을 반 정도만 으깨고, 불린 쌀을
  넣어 잘 저으면서 끓인다.
5 쌀알이 푹 퍼지면 소금으로 간한다.

제주전복죽

전복(중간 크기) 3개, 쌀 2컵, 참기름 3큰술, 소금 2큰술, 다시마 물 13컵

1 전복은 솔로 세척한 다음, 숟가락을 껍질 안쪽으로 넣어 살과 내장을 분리한다.
2 분리한 살과 내장을 엷은 소금물로 씻고 흐르는 물에 살살 헹군다. 살은 편으로 썰고,
　내장은 잘게 다진다.
3 쌀은 깨끗이 씻어 1시간가량 불린다.
4 불린 쌀과 내장을 한데 담아 쌀에 내장의 색이 배도록 골고루 섞는다.
5 냄비에 참기름을 두른 후 전복을 살짝 볶아 따로 준비한다.
6 ⑤의 냄비에 ④를 넣고 볶다가 쌀알이 투명해질 무렵, 다시마 물을 부은 뒤 중불에서
　쌀알이 퍼질 때까지 끓인다.
7 마지막으로 ⑤의 전복을 넣고 한소끔 더 끓인 후 소금으로 간한다. 전복은 오래 끓이면
　질겨지므로 한소끔 끓으면 불을 끈다.

제주 여인들은 두 개의 밭을 경작했다. 밀물 때는 땅밭, 썰물 때는 바다밭. 바다밭에서
수확한 것 중 가장 값이 좋은 전복으로 밭도 사고, 자식 교육도 시켰다. 산삼만큼 귀한
음식으로 불리는 이유라 하겠다.
그도 그럴 것이, 중국의 진시황이 불로장생을 염원하며 먹었다는 전복은 한의학에서는
소화를 돕고 식욕을 돋워서 성장기 어린이나 노약자의 원기회복에 좋다고 말한다. 서양
의학에서도 전복의 타우린과 아르기닌 성분이 기력을 보충한다고 설명하고 있다.
제주의 전통적인 전복죽은 게우라고 부르는 내장을 함께 넣고 끓여 맛이 진하고 풍미가
깊다. 전복의 좋은 성분은 거의 다 내장에 들어 있다 해도 과언이 아닐 정도. 그래서 일
찍이 제주에는 "땅에 떨어져 흙이 묻어도 게우는 주워서 먹으라"는 속담이 전한다.

옥돔구이 솔라니구이

냉동 옥돔 1마리, 식용유

1 냉동 옥돔을 냉장실이나 실온에서 자연해동한 뒤 마른
  면포로 물기를 제거한다.
2 배 부분에 밀가루를 살짝 뿌리듯 바른다.
3 양면 팬이나 일반 팬에 식용유를 두른 다음, 팬이
  달궈지면 배 부분이 아래로 가도록 올려 중불에서
  5분가량 익힌다.
4 반대로 뒤집어 4분가량 더 익힌다. 가스레인지 그릴에서
  굽는다면 그릴 받침에 물을 넣고, 충분히 달군 후 옥돔을
  올려야 달라붙지 않는다.

'신께도 올리고, 조상님께도 올리는 생선계의 여왕'으로
일컬어지는 옥돔은 제주를 대표하는 생선으로 수심이
깊은 바다에 산다. 제주식 이름은 '솔라니', 혹은 '솔래
기'다. 제주산 옥돔은 등 쪽과 머리 부분이 깨끗한 붉은
색을 띠며 꼬리 부분에는 노란 띠가 선명하다. 비린내
가 적어서 제사 때 무나 미역을 넣어 갱국으로 끓여 올
렸다. 단백질과 미네랄이 풍부하여 출산한 산모, 병후
회복기 환자의 보양식으로 선물한다. 또한 마을의 신을
모신 본향당의 제물로도 빠지지 않는 귀한 생선이다.

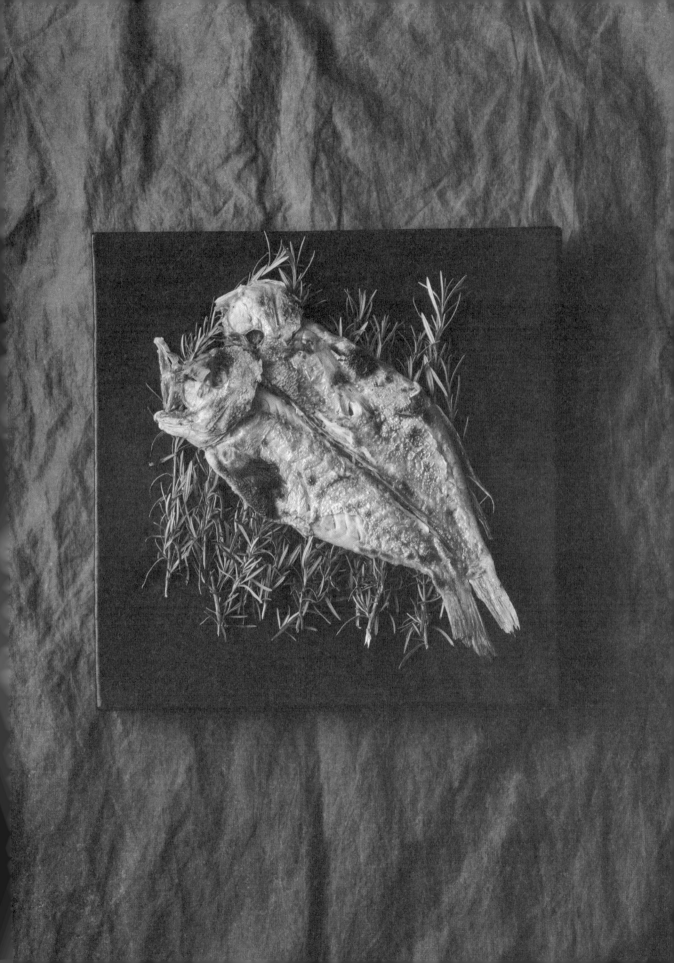

빙떡

메밀가루 2컵, 물 3½컵, 무 500g, 쪽파·소금 2큰술씩,
참기름·깨소금 1큰술씩

1 메밀가루는 미지근한 물을 조금씩 부어 가며 섞는다.
2 무는 채 썰어 끓는 물에 약 10분가량 데친 다음, 채반에
   건져서 물기를 뺀다.
3 데친 무채에 분량의 쪽파와 참기름, 깨소금, 소금을 넣고
   무쳐 소를 만든다.
4 달군 팬에 메밀 반죽을 국자로 떠서 올리고 지름 약
   20㎝ 크기로 얇게 부친다.
5 ④의 메밀전을 식힌 후 그 위에 무채를 올리고, 돌돌
   말아 양 끝을 눌러 가며 빚는다.

처음 빙떡을 맛본 사람들은 아무 맛도 안 난다고 한다.
맞는 말이다. '맛 없는' 맛! 이것이 제주 빙떡이다. 메밀
가루를 얇게 반죽해서 전으로 부친 뒤 슴슴하게 버무린
무채를 빙빙 말아 먹으니 대단한 맛이 느껴질 리 없다.
하지만 먹다 보면 묘한 중독성이 느껴지는 건강한 음
식! 찬 성질의 메밀과 궁합이 잘 맞는 무채가 만나 소화
를 돕는다. 1970~80년대만 해도 이웃이나 친척집 제
사 때면 빙떡을 만들어 차롱에 담아서 부조했다.

캐다

비밀 가득한 해녀 음식

해녀에게는 밭이 둘,

바다밭과 텃밭이다.

물질 마치고 퇴근하면

이내 마당의 채소밭으로

다시 출근이다.

제주 집들은 대개

'우영팟'이라고 부르는 마당 텃밭을

저마다 하나씩은 두고 있으니

해녀이자 농부라 해야겠다.

"바다에서 갓 캐 온 해조류나 펄떡펄떡 살아 있는 생선, 가지가지 해산물이 우영팟의 푸성귀와 만나면 저절로 뚝딱, 요리가 되었습니다. 마법 같았지요. 마술사 엄마! 제주 음식이란 이런 거라고 생각하면 딱 맞습니다. 일류 셰프들이 한결같이 하는 말이 '사람의 공은 1할이나 2할 정도. 맛을 좌우하는 최고의 비결은 좋은 재료'라는 것인데, 마치 콕 집어서 해녀 음식을 가리키는 것 같아요. 날것 그대로의 맛, 재료 본연의 풍성한 맛으로 승부하는 것이 바로 섬의 집밥이 지닌 특징이니 말입니다. 앞 장에서 이야기한 것처럼 양념이 귀해서 아끼기도 했지만, 간이 센 음식을 먹을 수 없는 해녀들만의 속사정도 있었습니다. 장시간 바다에서 작업하면 입술이 다 헤져서 자극적인 음식을 먹기가 어렵습니다. 그래서 매운 고춧가루가 들어간 음식보다 된장이나 간장, 소금으로 약하게 간을 한 음식이 많고, 재료가 가진 맛의 순도가 높습니다. 이런 연유로 담백하고 자극 없는 음식을 짓게 된 것이지요."

'각재기'라는 제주 본토 이름을 가진 전갱이는 고등어만큼이나 흔하게 잡히는 생선이다. 일본에서는 '아지'라고 불리며 우리
나라 사람들이 고등어를 좋아하는 것처럼 즐겨 먹는다. 등이 푸르고 배 부분이 은백색인 생김새도 고등어를 꼭 닮았다. 해안
가 마을에서 흔히 잡히던 시절에는 젓갈을 담거나, 배를 갈라서 말렸다가 구이로 먹었다. 등 푸른 생선으로 국을 끓이는 지
역은 제주가 거의 유일할 텐데, 바다에서 갓 잡은 신선한 생물이기 때문에 가능하다. 생선국에 넣는 채소도 집집마다 다르다.
우영팟에서 나는 제철 채소를 바로 뜯어다가 국에 넣고 풋고추나 청양고추를 썰어 넣으면 비린내가 싹 가신, 감칠맛 나는 생
선국이 완성된다.

전갱잇국 각재깃국

전갱이 2마리, 얼갈이배추 15g, 청양고추 1개, 다진 마늘·국간장 1큰술씩, 된장 1작은술, 멸칫국물 5컵

1 전갱이는 내장을 제거하고 흐르는 물에 씻는다. 2 얼갈이배추는 깨끗이 씻고 숭덩숭덩 뜯어 준비하고 청양고추는 어슷썬다.
3 냄비에 멸칫국물을 붓고 끓기 시작하면 전갱이를 넣고, 한소끔 끓이다가 얼갈이배추와 마늘을 넣는다. 4 국간장과 된장으로
간하고 먹기 직전 청양고추를 올린다.

"엉허야 뒤야 엉허야 뒤야 / 어기여뒤여 방애여 엉허야 뒤야…"

제주 무형문화재 제10호로 지정된 동김녕리 〈멸치 후리는 소리〉의 첫 소절이다. 제주 섬에서 멸치가 많이 잡히는 것을 상징하는 노래이기도 하다. 여기서는 멸치를 '멜'이라고 부른다. 반찬으로 볶아 먹는 잔멸치가 아닌 큰 멸치를 이르는 말이다. 멸치가 많이 잡히다 보니 멜국, 멜조림, 멜튀김 등 음식도 아주 다양하다. 살아 펄떡이는 멸치에 텃밭 배추를 뜯어 국을 끓이면 담백하고 맑은 멜국이 된다.

멸칫국 멜국

생멸치 300g, 배추 200g, 멸칫국물 5컵, 청양고추 1개, 국간장 1큰술, 소금·다진 마늘 1작은술씩

1 생멸치는 머리와 내장을 제거하고 소금물에 흔들어 씻은 뒤 채반에 건진다.

2 배추는 깨끗이 씻어 손으로 찢고, 청양고추는 어슷썬다.

3 끓는 물에 생멸치를 넣고 끓으면 배추와 국간장, 소금, 다진 마늘을 넣어 5분 끓인 후 청양고추로 마무리한다.

옥돔국

생옥돔 1마리, 불린 미역 200g, 국간장 1큰술, 다진 마늘·소금 1작은술씩, 멸칫국물 5컵

1 생옥돔은 비늘을 제거하고 내장을 손질한 다음, 머리와 몸통은 토막 내어 깨끗이 씻는다.

2 불린 미역은 흐르는 물에 헹군 후 먹기 좋은 크기로 썬다.

3 냄비에 분량의 멸칫국물을 넣고 끓기 시작하면 손질한 옥돔을 넣는다.

4 한소끔 끓인 뒤 미역과 다진 마늘을 넣고 중불에서 10분간 더 끓인 후 국간장과 소금으로 간한다.

고동미역국 보말미역국

보말 300g(삶아서 알맹이를 분리하고 손질해 놓은 것), 불린 미역 150g, 국간장 1큰술,
다진 마늘·소금 1작은술씩, 참기름 1½큰술, 멸칫국물 6컵

1 보말은 소금물에 1~2시간 담갔다가 더는 불순물이 나오지 않을 때까지 흐르는 물에 깨끗이 씻어 헹군다.
2 커다란 솥에 손질해 둔 보말을 넣고 끓기 시작하면 20분가량 삶는다. 끓어오르기 시작하면 '아차!' 하는 순간
  넘칠 수 있으니 주의 깊게 살핀다.
3 삶은 보말은 바늘이나 실핀으로 내장이 끝까지 나오도록 돌려 가면서 살을 바른다.
4 살과 내장을 분리하고 내장은 주물러 으깨어 체에 거른 다음, 분량의 멸칫국물에 섞어서 육수를 준비한다.
5 불린 미역은 흐르는 물에 헹궈 적당한 크기로 썬다.
6 냄비에 ⑤의 불린 미역을 담고 다진 마늘, 참기름을 넣어 볶다가 멸칫국물을 넣고 중불에서 15분가량 끓인다.
7 ⑥의 미역이 부드러워지면 ④의 보말 살을 넣고 한소끔 끓인 후 국간장과 소금으로 마무리한다. 보말 살은
  오래 끓이면 질기다. 맨 마지막에 넣어 완성하는 이유다.

홍해삼미역냉국

홍해삼 2마리, 불린 미역 100g, 다시마 물 4컵, 부추 5줄기, 식초 2큰술, 된장 1큰술,
국간장·다진 마늘·깨소금 1작은술씩, 풋고추·붉은 고추 약간씩

1 해삼은 배 쪽을 반으로 자른 뒤 내장을 꺼내어 따로 두고 깨끗이 씻는다.
2 뜨거운 물에 해삼을 담갔다가 바로 건진다. 반드시 이 과정을 거쳐야 미끌거리지 않고
  부드러워진다.
3 ②의 해삼을 먹기 좋은 크기로 얇게 썬다.
4 불린 미역은 여러 번 헹궈 먹기 좋은 크기로 썰고, 부추는 잘게 썬다.
5 해삼과 미역을 함께 넣고 분량의 식초, 된장, 간장, 다진 마늘을 넣고 무친다.
6 그릇에 ⑤를 담고 다시마 물을 부어 고루 섞은 뒤 부추와 깨소금을 얹어 마무리한다.

홍해삼은 제주 특산품이다. 다른 지역에도 일부 서식하기는 하지만 그 양이 매우 적다.
해삼에는 인삼의 주요 성분인 사포닌이 들어 있어 바다의 인삼, 해삼海蔘이라고 불린다.
정약전은 『자산어보』에서 해삼과 전복, 홍합을 바다의 세 가지 보물로 꼽았다. 색에 따
라 청해삼, 흑해삼, 홍해삼으로 나뉘는데, 그중 홍해삼이 가장 효능이 뛰어나고 가격도
비싼 편이다. 깊은 산에서 산삼과 약초를 캐는 약초꾼처럼 제주 해녀들은 해초의 숲에
서 보물 같은 전복과 해삼을 채취한다. 여든 줄에 접어들 때까지도 현역으로 작업하는
제주 해녀들의 에너지 원천은 아마도 바다의 인삼이 아니었을까, 싶기도 하다.

우무묵 & 우무냉국

우무묵

말린 우뭇가사리 50g, 물 2ℓ

1 말린 우뭇가사리는 물에 담가서 모래나 이물질을
　제거하고 물에 두어 번 헹군다.
2 넉넉한 솥에 우뭇가사리와 물을 넣고 뚜껑을 연
　채로 강한 불에서 끓이다가, 우뭇가사리가 부풀어
　오르면 중불로 줄여 형태가 흐물흐물해질 때까지
　30~40분가량 더 끓인다.
3 넉넉한 용기를 준비해 그 위에 면포나 결 고운 체를
　얹고, 끓인 ②를 부어 꾹꾹 눌러 가며 국물을 거른다.
4 ③은 실온에서 4~5시간이면 굳는데, 더 빠르게
　굳히려면 냉장고에 2시간가량 두어 완성한다.

우무냉국

우무묵 1모, 풋고추 ½개, 오이 ¼개, 부추 3줄기,
다시마 물 2컵, 국간장 1큰술, 식초 1작은술,
소금·통깨 한 꼬집씩, 풋고추·붉은 고추 약간씩

1 우무묵은 채 썰어 준비해 둔다.
2 오이는 채 썰고 풋고추는 어슷썰기, 부추는 3㎝ 길이로
　썬다.
3 다시마 물에 분량의 소금과 국간장, 식초를 넣고 잘 저은
　뒤 우무묵을 넣고 오이와 풋고추, 부추, 통깨를 얹어
　상에 낸다.

뿔소라물회

뿔소라 10개, 깻잎 3장, 미나리 5줄기, 풋고추 1개, 오이 1/2개, 양파 1/4개, 부추 10줄기, 된장 2½큰술, 식초 1큰술, 다진 마늘·생강즙·참기름·깨소금·통깨 1작은술씩, 다시마 물 5컵

1 소라를 껍질에서 분리하고 내장, 뚜껑, 치맛살(쓴맛 부위)과 이빨을 제거한다. 전복 내장과 달리 소라의 내장은 먹을 수 없다.
2 손질한 소라는 옅은 소금물에 씻은 후 깨끗한 물에 헹궈서 얇게 썬다.
3 깻잎과 미나리는 먹기 좋은 크기로 썬다. 풋고추는 어슷썰고, 오이와 양파는 채 썬다. 마지막에 올릴 부추는 곱게 썬다.
4 소라와 각종 채소에 분량의 식초, 된장, 생강즙, 다진 마늘, 참기름, 깨소금을 넣고 잘 버무린다.
5 그릇에 ④를 담고 다시마 물을 부은 뒤 부추와 통깨를 올려 상에 낸다. 더운 계절에는 얼음을 띄워 차갑게 먹는다. 기호에 따라 설탕을 가미하거나 고춧가루를 더해도 좋다.

꼬들꼬들한 식감의 소라물회 한 그릇을 뚝딱 마시다시피 먹으면 에너지가 소생하는 기분을 맛볼 것이라고 자신한다. 소라는 양식이 안 되는 자연산으로 해조류를 먹고 자라는데, 요즘처럼 수입산과 양식 해산물이 많은 시절에는 더욱 귀한 식재료이기 때문이다.

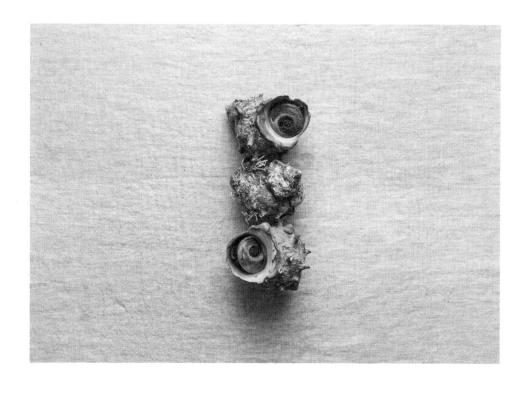

톳나물

생톳 300g 소금·참기름 1큰술씩, 된장 1½큰술, 다진 마늘·다진 파 1½작은술씩, 멸치액젓·통깨 1작은술씩

1 생톳이 잠길 만큼 물을 붓고 소금 1큰술을 넣은 후 끓기 시작하면 5분가량 뒤적거리며 데친다.
2 데친 톳은 찬물에 두세 번 주물러 씻어 채반에 건진다.
3 볼에 분량의 된장, 다진 마늘, 다진 파, 멸치액젓을 넣고 잘 섞는다.
4 ③에 톳을 넣어 잘 섞은 후 참기름을 넣고 다시 골고루 섞는다. 마지막에 통깨를 뿌려 완성한다.

갈조식물 모자반과의 톳은 제주에서 '톨'이라고 부른다. 너나없이 식량이 부족하던 시절, 울릉도 사람들이 명이나물을 캐어 먹으며 섬을 일구고 생명을 얻었다 하여 '명이'라는 이름을 붙인 것처럼, 제주인들의 명을 이어준 바다나물은 바로 톳이다. 톳의 수확 시기는 1월에서 4월까지. 4월이 넘어가면 톳도 꽃을 피워서 너무 억세지는 탓에, 나물용 톳은 제철 중에서도 1~2월에 채취한 보들보들한 것으로 먹는다.

배추콩죽

날콩가루 1컵(물 2컵), 쌀 1컵, 배춧잎 2장, 소금 1작은술, 다시마 물 8컵

1 날콩가루는 물에 되직하게 개고, 쌀은 깨끗하게 씻어 1시간가량 불린다.
2 냄비에 다시마 물과 불린 쌀을 넣고 끓이다가, 쌀알이 퍼지면 ①의 콩가루를 넣고 약불로 줄이면서 뚜껑을 열고
  저어 가며 끓인다.
3 ②에 배춧잎을 손으로 뜯어 넣고 소금 간을 해서 한소끔 더 끓인다.

해녀들은 전복을 캐서 자신을 위한 보양식으로 먹기보다 전복 판 돈으로 쌀을 사거나 자녀들 교육비를 해결했
다. 전복 대신 그 자리를 채워 준 것이 바로 콩죽이다. 콩은 양질의 단백질과 각종 영양소를 함유하고 있어 든
든했지만, 쌀이 부족하던 시절 제주에서는 콩죽보다 팥죽을 더 귀하게 여겼다. 두 죽을 비교한 재밌는 속담을
보자.
"팥죽만 먹인 친아들은 비듬이 일고, 콩죽만 먹인 의붓아들은 살만 찐다."
미소가 절로 나오는 속담이다. 영양학적인 면에서 팥죽이 콩죽에 못 미치는 것이다. 제주에서는 날콩을 갈아
먹는 대신 가을철 수확한 대두를 빻아 가루로 저장했다가 겨울철에 국이나 죽으로 자주 먹었다.

성게알죽

성게알 200g, 불린 쌀 1컵, 다시마 물 6컵, 참기름 1큰술, 소금 약간

1 성게알은 체에 밭쳐 옅은 소금물에 살살 흔들어서 껍질이나 이물질을 제거한 뒤 물기를 뺀다. 이때 민물에 다시
  헹구지 않는다. 냉동 성게알도 자연해동을 한 다음, 물에 따로 헹구지 않는다.
2 쌀은 깨끗이 씻은 후 미리 1시간가량 불린다.
3 냄비에 참기름을 두르고 쌀을 볶다가, 쌀알이 투명해지면 다시마 물을 붓고 약한 불에서 뭉근하게 끓인다.
4 ③의 쌀알이 푹 퍼지면 ①의 성게알을 넣고 가볍게 한 번만 저어 한소끔 더 끓인다.
5 오래 끓이지 않는다. 성게알에 소금 간이 배어 있으므로 소금을 적당히 넣어 간을 맞춘다.

돌미역과 함께 제주 해녀들의 냉동고 속 붙박이 재료인 성게는 양식이 되지 않아 해녀가 직접 캐야만 맛볼 수
있는 귀한 식재료다. 그래서 자기 집 밥상에 오르기보다 손님을 대접하거나 사돈댁 혹은 뭍에 나간 자식들에
게 보내곤 했다. 바다의 호르몬으로 불리는 성게는 단백질과 철분, 엽산 등의 성분을 함유하고 있으며 소화 흡
수도 잘되어 빈혈이 있는 사람이나 회복기 환자에게 더없이 좋다.

고동미역죽 보말미역죽

삶은 보말 200g, 쌀 1컵, 다시마 물 8컵, 불린 미역 100g, 참기름 2큰술, 소금 1½큰술

1 보말은 소금물에 1~2시간 담갔다가 불순물이 안 나올 때까지 흐르는 물에 깨끗이 씻어 헹군다.

2 큼직한 솥에 손질한 보말과 물을 넣고 끓기 시작하면 20분가량 삶는다. 끓어오르기 시작하면 넘칠 수 있으니 주의
   깊게 살핀다.

3 삶은 보말은 바늘이나 실핀으로 내장 끝까지 전부 나오도록 돌려 가면서 살을 바른다.

4 ③의 보말에 다시마 물을 넣고 내장이 으깨어지도록 손으로 주무른다.

5 면포에 으깬 보말 물을 거르고, 살은 따로 준비해 참기름에 볶는다.

6 쌀은 깨끗이 씻어 1시간 불린 후 쌀알이 반쪽 날 정도로 갈아서 준비한다.

7 미역은 흐르는 물에 씻어 먹기 좋은 크기로 자른다.

8 냄비에 참기름을 둘러 불린 쌀을 볶고, 걸러 놓은 보말 물과 육수를 넣어 끓인다.

9 ⑧은 중불에서 눋지 않게 저으면서 끓이다가, 쌀알이 퍼지면 ⑦의 미역과 ⑤의 보말을 넣고 약불에서 한소끔 더
   끓인다. 마지막에 소금으로 간하고 불을 끈다.

문어죽

문어 1마리(300g 내외 크기), 쌀 2컵, 다시마 물 14컵, 소금·참기름 2큰술씩, 밀가루 ½컵

1 쌀은 깨끗이 씻은 후 미리 1시간가량 불린다.
2 문어는 머리를 뒤집어 내장과 먹물, 눈을 제거한다.
3 볼에 밀가루와 문어를 넣고 반죽하듯이 문질러서 빨판의 이물질을 깨끗하게 제거한 후 물에 여러 번 헹군다.
4 손질한 ③의 문어는 잘게 썰어 흐물흐물해질 때까지 절구에 찧는다.
5 솥에 참기름을 두른 후 불린 쌀과 문어를 넣고 볶은 다음, 다시마 물을 넣고 중불에서 쌀알이 푹 퍼질 때까지 저어
  가며 끓인다. 마지막에 소금으로 간한다.

육지에 "쓰러진 소도 일으킨다"는 낙지가 있다면 제주에는 물질과 밭일로 쇠한 해녀들의 기력을 보양해 줄 돌
문어가 있다. 해녀들의 공동체 연대는 매우 끈끈해서, 몸이 좋지 않아 물질을 거른 해녀에게 "죽 끓여 먹고 기
운 내라"고 직접 잡은 문어를 선물했다. 열량은 낮고, 단백질 함량이 높은 데다가 다량 함유된 타우린 성분이
해독 작용까지 해 주어 해녀들의 일등 몸보신 재료로 꼽힌다. 문어는 모성애가 강하기로도 유명하다. 산란을
마친 후 1개월에서 길게는 6개월까지 식음을 전폐하고 온힘을 다해 알을 돌보다가, 알이 다 부화하고 나면 쇠
잔해진 문어는 생을 마친다. 이 같은 문어의 삶이, 자식들 뒷바라지를 위해 검푸른 바다에서 매일매일 목숨 걸
고 물질을 하는 제주 해녀와 닮았다는 생각이 든다.

요놈들! 무리 지어 살금살금, 깅이 게

6.25 때 제주로 피난을 왔던 화가 이중섭의 그림 중에 〈서귀포 게잡이〉가 있다. 서귀포 앞바다에서 게를 잡아먹으며 식구들과 허기를 달래던 시절을 그림으로 옮겨 놓은 것이다. 먹을 것이 없던 피난 시절, 그나마 굶지 않게 해 준 게에 대한 고마움과 미안함을 담아서 그렸다는 이야기가 전한다. 비단 이중섭에게만 그랬던 것이 아니라 제주인들에게 깅이는 언제나 모자라는 식량을 대신해 준 고마운 존재였다.

제주 바다 어디에서나 흔하게 잡히는 게. 사투리 이름이 참 사랑스러운 깅이는 서해에서 많이 잡히는 꽃게가 아닌, 갯바위 틈에서 쉽게 만날 수 있는 작은 게를 일컫는다. 바닷가에 무리 지어 지천으로 보였다.

어릴 적, 아버지를 따라서 게잡이를 하러 갈 때는 고등어 살을 꼭 챙겼다. 던지듯 고등어 살을 놓아두면 여기저기 돌 틈에서 나온 게들이 모여들어 바구니가 금세 가득 찼다. 집으로 가져오면 어머니의 손이 느닷없이 바빠졌다. 작은 게는 손질해서 옹기 항아리에 담은 뒤 간장을 부어 게장을 만들었고, 볶은 콩에 간장 양념을 해서 게조림을 해 먹기도 하였다.

지금도 현역 해녀로 일하는 나의 숙모는 올해로 일흔넷이다. 지난가을 안부 전화를 드렸는데, 뿔소라를 무려 100㎏이나 잡아서 작업 중이라고 했다. 기함할 노릇이었다. 숙모님 같은 고령의 해녀들에게 튼실한 뼈의 비결을 물으면 다들 '깅이콩장' 덕분인 것 같다고 말한다. 틈만 나면 콩과 게를 먹으니 단백질과 칼슘을 통째로 섭취하는 셈이 아닌가. 간장 항아리에서 숙성시킨 게와 콩을 볶아 반찬을 만들어 먹었으니, 창의력이 돋보이는 음식이라 자부할 만하다.

게콩장 깅이콩장

깅이(국간장에 절인 것) 200g, 소금물(소금 1큰술, 물 5컵), 메주콩 1컵, 풋고추·붉은 고추 1개씩,
맛간장 3컵(채수 2컵, 간장 1컵, 대파 ½뿌리, 조청 3큰술, 청주 1큰술)

1 깅이는 흐르는 물에 여러 번 씻는다. 옹기 항아리에 분량의 소금물을 부어 1~2시간 뚜껑을 덮고
　담가 둔 후, 흐르는 물에 헹궈 물기를 제거한다.

2 국간장(5컵)을 끓여 식힌 뒤 깅이에 붓고 2~3일 숙성한 후 사용한다.

3 메주콩은 깨끗이 씻어 물기를 없앤 다음, 마른 팬에 7~8분 볶았다가 식힌다.

4 풋고추와 붉은 고추는 어슷썬다.

5 냄비에 채수, 간장과 대파, 청주, 조청을 넣고 15분가량 끓여 맛간장을 만든다.

6 ⑤의 맛간장을 식힌 후 볶은 콩과 절인 깅이를 넣고 ④의 고추를 넣어 잘 버무린다.

게죽 깅이죽

깅이 300g, 소금물(소금 1큰술, 물 5컵), 쌀 1컵, 다시마 물 8컵, 참기름 1큰술, 소금 약간

1 깅이는 흐르는 물에 여러 번 씻은 다음, 옹기 항아리에 분량의 소금물을 부어 1~2시간 뚜껑을 덮고
　담가 둔다.

2 쌀은 깨끗이 씻은 후 미리 1시간가량 불린다.

3 ①의 깅이를 꺼내어 헹군 다음, 절구에 찧고 분량의 다시마 물을 부은 뒤 고운 체에 거른다.

4 냄비에 참기름을 두르고 ②의 불린 쌀을 볶은 후 ③을 붓는다. 이때 게의 껍데기나 이물질이
　없는지 꼼꼼하게 확인한다.

5 냄비 바닥에 가라앉은 쌀이 눌어붙지 않게 주걱으로 저어 주다가, 끓어오르기 시작하면 불을
　줄이고 뭉근하게 끓인다.

6 쌀알이 물러지면 소금 간을 하고 불에서 내린다. 깅이 자체에 소금기가 있으므로 맛을 보며 간을
　조절한다.

성게알청각양하잎찜

성게알 300g 양하잎 5장, 청각 약간, 소금 약간, 참기름 1작은술, 다시마 물 2큰술

1 성게알은 체에 밭쳐 옅은 소금물에 살살 흔들어 껍질이나 이물질을 제거하고 물기를 뺀다. 이때 다시 민물에 헹구지 않는다. 냉동 성게알도 자연해동 후 물에 따로 헹구지 않는다.

2 청각은 깨끗이 씻어 5분가량 삶고, 흐르는 물에 서너 번 헹군 후 잘게 썬다.

3 양하잎은 깨끗하게 씻는다.

4 오목하고 넓은 접시에 양하잎을 펼치고, 그 위에 성게알을 얹는다.

5 다시마 물, 참기름과 소금을 골고루 뿌린 후 잘게 다진 청각을 성게알 위에 얹는다.

6 찜기에 ⑤를 넣고 30분가량 찐다.

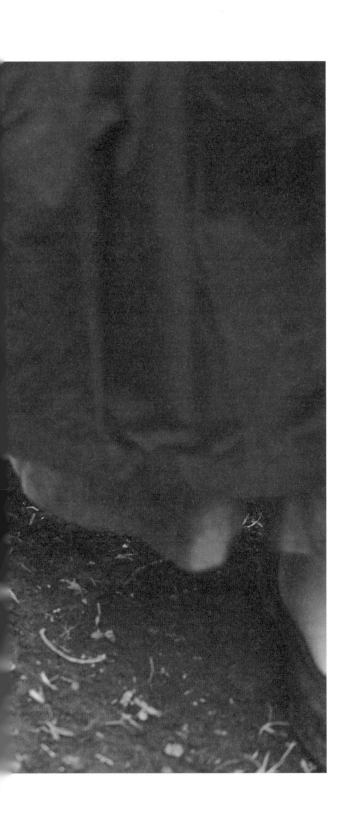

먹다

사계절, 치유 한식

대자연이 집 앞에 있다.

멀지 않은 곳에 바다가 있고 오름이 있으며 깊은 숲이 있다.

밥 한 덩이에 젓갈과 된장,

쌈 채소 몇 잎만 챙겨 나가도

대단한 소풍이 되는 곳.

제주는 그렇다.

네 가지 계절이 허락된 땅에 산다는 건

계절이 이끄는 대로

제철의 밥상을 즐기라는 뜻일 게다.

제주의 사계, 제주 제철 밥상.

이번 장에서 차려 볼 음식이다.

"제철을 만난 식재료가 등장할 즈음이면 집집마다 미식의 향연이 펼쳐지고는 했습니다. 음식을 짓는 어머니의 어깨는 춤추듯 흥겨웠고, 덕분에 식구들 얼굴에도 과식 꽃이 활짝 피어났지요.

그뿐일까요. 햇재료로 부지런히 저장식을 만드는 것도 어머니들의 즐거움이었습니다. 보따리보따리 정성으로 만들어 귀하게 갈무리해 둔 저장 음식은 1년 내내 밥상의 감초로 활약했지요.

자연이 내어주는 음식 선물.

감사와 기쁨으로 받아먹는, 그야말로 보약입니다.

바다는 바다대로 사계절의 그림을 만들고, 땅은 땅의 기운으로 철마다 서로 다른 채소를 밀어 올리니 그저 경이로울 뿐입니다.

탱글탱글 제철 식재료, 그 알토란 같은 것들을 쏙쏙 골라 먹을 때마다 몸과 마음이 반듯하게 정렬되는 기분을 느끼곤 했습니다.

봄과 여름, 가을 그리고 겨울. 예나 지금이나 변함없이 지어 먹는 제주의 계절식. 소박하지만 놀라운 가치가 숨어 있는, 대자연의 미식입니다."

봄이 와수다. ᄇᆞ름이 뜻뜻. 고사리 꺾으레 가게.

봄날 밥상

톳밥

양탯국

방풍나물무침

먹고사리나물무침

배추꽃대김치

풋마늘대장아찌

달래장아찌

봄쌈채소 &

푸른콩생된장과 멜젓

톳밥

보리쌀·쌀 1컵씩, 말린 톳 10g, 물 3컵

1 보리쌀은 여러 번 씻은 다음, 쌀의 3배가량 되는 물을
　부어 끓인다. 끓기 시작하면 중불로 줄이고 물이
　졸아들 때까지 푹 삶는다.
2 쌀은 깨끗하게 씻어서 1시간가량 불린다.
3 말린 톳은 30분가량 물에 불리면서 염분이
　빠져나가도록 주무른다. 여러 번 헹군 다음 끓는 물에
　살짝 데쳐 찬물에 헹구고 잘게 썬다.
4 압력솥에 불린 쌀, 삶은 보리쌀, 톳을 넣고 분량의
　물을 부어 센불에서 끓이다가, 추가 움직이기
　시작하면 불을 줄이고 약 4~5분 더 끓인 후 불을
　끈다.
5 압력솥의 김이 다 빠진 후 골고루 잘 섞는다.

제주에서 집집마다 흔하게 먹던 톳밥. 톳은 특히 춘
궁기나 흉년이 들었을 때 밥의 양을 늘리기 위한 재
료였다. 곡식은 귀하고, 톳은 바다에 천지였으니 그
럴 수밖에! 최근 들어 톳의 영양적 가치가 널리 알려
지면서 건강을 위해 부러 챙겨 먹는 재료가 되었다.
톳에는 칼륨이 풍부하게 함유되어 있어 고혈압 환자
에게 특히 유익하다.

양탯국 장탯국

양태 1마리, 무 200g, 청양고추 ½개, 국간장 1큰술,
다진 마늘·소금 1작은술씩, 멸칫국물 6컵

1 양태는 비늘과 내장을 제거하고 소금물로 씻은 후
　흐르는 물에 다시 한번 씻는다.
2 손질한 양태는 먹기 좋은 크기로 토막 내고, 무는
　굵게 채 썬다. 청양고추는 어슷썬다.
3 냄비에 분량의 멸칫국물을 담은 뒤 무를 먼저 넣고,
　끓기 시작하면 토막 낸 양태를 넣는다.
4 한 번 더 끓어오르면 분량의 다진 마늘과 국간장,
　소금을 넣고 청양고추는 먹기 직전에 넣는다. 부족한
　간은 소금으로 한다.

양태는 따뜻한 바다를 좋아하는 온난성 어류. 추위
가 시작되면 긴 겨울을 나기 위해 따뜻한 남해안이
나 제주로 들어온다. 산란을 하기 위해서다. 쏨뱅이
부류 생선은 살이 단단하고 감칠맛 나는 육수가 일
품이라 담백한 맛을 좋아하는 제주인의 입맛에 꼭
맞는다. 그래서 장태는 봄철의 옥돔이라고 불릴 만
큼 사랑받는 생선이다.

방풍나물무침

방풍나물 300g(소금 1작은술), 참기름·깨소금 1큰술씩,
된장·진간장 1작은술씩, 다진 마늘 ½작은술

1 방풍나물 줄기의 억센 부분은 제거하고, 부드러운 잎과
  줄기는 손질해 씻는다.
2 냄비에 나물이 잠길 만큼의 물을 붓고 분량의 소금을 넣은
  다음, 끓어오르면 방풍나물을 넣고 뒤적거리며 1분가량
  데친다.
3 데친 방풍나물은 찬물에 헹군 후 너무 세지 않게 손으로
  눌러서 물기를 짠다.
4 볼에 분량의 된장, 진간장, 다진 마늘을 넣고 고루 섞는다.
5 데친 방풍나물은 ④의 양념으로 골고루 버무린 후 참기름과
  깨소금을 넣어 다시 한번 버무린다.

바람의 신 영등할망이 제주 바다에 해산물 씨앗을 뿌리고
지나간 뒤, 봄바람이라고 하기에는 너무 매서운 바람이 불
어왔다. 겨우내 잠들어 있던 생명을 깨우려면 그만큼 냉정
한 바람이 불어야 했는지도 모르겠다. 바로 이때 '바람을 막
아 준다'라는 뜻을 가진 방풍나물이 등장했다. 제주의 10대
약용 작물에 속하는 방풍나물은 약성이 높아서 봄의 불청
객인 황사나 미세먼지를 배출시키는 효능이 있고, 기의 흐
름을 좋게 해 주어 풍증에도 효과적이라고 한다.

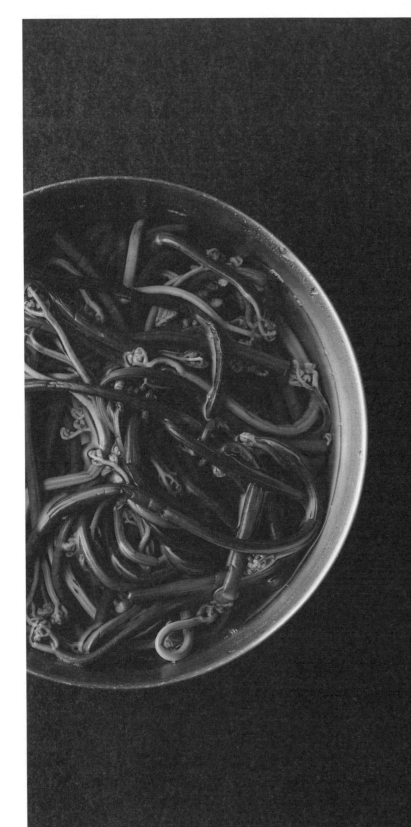

먹고사리나물무침

삶은 먹고사리 300g, 채수 ½컵,
국간장 1½큰술, 다진 마늘 2작은술,
참기름·깨소금 1큰술씩

1 고사리는 깨끗이 씻어 물기를 꼭 짜고, 먹기
  좋은 크기로 썬다.
2 고사리에 분량의 간장과 다진 마늘을 넣고 잘
  섞는다.
3 팬에 분량의 채수와 손질한 고사리를 넣고
  저으며 채수가 졸아들 때까지 볶는다.
4 채수가 거의 졸아들면 분량의 참기름과
  깨소금을 넣어 골고루 무친다.

제주의 독특한 숲 곶자왈에서 자라는 먹고사
리는 굵고 식감이 부드러워 조선시대 진상품
중 하나였다. 직사광선이 드는 곳에서 자라는
청고사리와 달리, 햇빛이 잘 들지 않는 축축
한 생태 환경에서 수분을 머금은 채 자란다.
식용하기에 좋은 식물이라 제주에서는 제사
나 명절 때 빠지지 않는 제수용 나물로 쓰이
며, 여기에 더해 고사리육개장이라는 풍미 가
득한 제주 향토 음식의 주인공이 되었다.

배추꽃대김치 동지김치

배추꽃대 1kg, 굵은소금 100g(절임용), 보릿가루 2큰술,
고춧가루 ½컵, 채수 1컵, 다진 생강 2작은술, 다진 마늘 1큰술,
멸치젓국 ½컵

1 배추꽃대에 분량의 소금을 골고루 뿌려 1시간가량 절인다.
2 절인 배추꽃대는 물에 서너 번 헹궈 채반에 건진 후 물기를
  충분히 뺀다.
3 보릿가루에 물 1컵을 넣어 덩어리가 생기지 않도록 잘 풀어
  준다.
4 물에 푼 보릿가루는 약불에 올려 투명해질 때까지 끓여서
  풀을 쑨 후 식힌다.
5 분량의 채수에 보릿가루 풀과 고춧가루, 생강, 마늘과
  멸치젓국 등을 넣고 잘 섞는다.
6 절인 배추꽃대를 ⑤의 양념에 잘 버무린다.

겨울 추위에 기가 죽어 위로 자라지 못하고 옆으로 넓적하
게 퍼지는 배추를 '퍼데기배추'라고 한다. 그 잎은 쌈을 싸
먹거나 국으로 끓여 먹는다. 제주 퍼데기배추는 개량 배추
와 달리 집의 울타리나 노지에서 자라며, 일반 배추보다 질
기고 진한 초록색을 띤다. 이따금 눈이 내리면 그때마다 당
분을 저장하기 때문에 맛이 매우 달다는 것도 특징이다.
2~3월경이면 퍼데기배추에서 꽃대가 올라오는데, 이것을
제주에서는 '동지'라고 부르며 김치를 담가 먹는다.

봄쌈채소·멜젓·푸른콩생된장·달래장아찌·풋마늘대장아찌

여름이 와수다. 볕이 과랑과랑! 자리물회 먹어야주.

여름 밥상

감자밥 지실밥

보리쌀·쌀 1컵씩, 감자 2개, 물 2컵

1 보리쌀은 여러 번 씻은 다음, 3배가량의 물을 붓고
  끓기 시작하면 중불로 줄여서 물이 졸아들 때까지
  충분히 삶는다.
2 쌀은 깨끗이 씻어 1시간가량 불린다.
3 감자는 껍질을 벗긴 뒤 반으로 잘라 깍둑썬다.
4 압력솥에 쌀과 삶은 보리를 넣고, 분량의 물을 부은 뒤
  그 위에 감자를 얹는다
5 강불에 솥을 올려 추가 흔들리기 시작하면 불을
  줄이고, 약 4~5분 더 끓인 후 불을 끈다.
6 압력솥의 김이 완전히 빠지면 뚜껑을 열고 주걱으로
  고루 섞는다.

하지로 들어서는 제주의 여름은 그야말로 고온다습
하다. 이맘때면 제주인들은 열을 내려 주는 보리와
땅속의 사과로 불리는 지실을 넣은 밥과 된장냉국으
로 더위를 이겼다. 지실은 감자를 뜻하는 제주 방언
으로, 4.3사건을 다룬 오멸 감독의 영화 제목처럼 '지
슬'이라고도 부른다.

열무보리밥김치

열무 1kg, 소금물(소금 1컵, 물 10컵), 양념(보리밥 1공기, 붉은 고추 5개, 멸치액젓 ½컵,
고춧가루·다진 마늘 1큰술씩, 다진 생강 2작은술, 채수 2컵)

1 열무는 뿌리 쪽의 흙을 손질하고 흐르는 물에 가볍게 씻는다. 너무 세게 씻으면 풋내가 나므로 주의한다.
2 소금물을 열무에 골고루 적셔서 1시간가량 절인다. 중간에 한 번 뒤적여 준 다음 헹구고 물기를 뺀다.
3 믹서에 채수, 붉은 고추, 보리밥 반 공기를 넣고 거칠게 갈아 준다.
4 볼에 ③을 담고 고춧가루, 멸치액젓, 다진 마늘과 생강, 나머지 보리밥 반 공기를 넣어 잘 섞는다.
5 절인 열무를 ④의 양념으로 버무린다. 간이 부족하면 소금과 멸치액젓을 더한다.

제주에서는 열무를 '초마기'라고 부른다. 한여름, 초마기에 보리밥을 넣고 국물 자작하게 하여 계절 김치로 먹
었다. 보통 파종 후 한 달가량 지나면 먹을 수 있는데, 강한 햇빛을 받고 자란 여름 열무가 특히 맛있고 영양도
풍부하다고 알려졌다. 무기질과 비타민이 많아 삼복더위를 이겨 내는 데 도움이 되는 보양식의 하나로 한의사
들이 추천하는 채소이기도 하다.

여름이 시작되는 길목이면 "자리 삽서, 자리. 싱싱한 자리우다(자리 사세요, 자리. 싱싱한 자리입니다)" 하고 외치는 트럭 아저씨가 나타났다. 그러면 돌담 집 안쪽의 문이 하나둘 열리고, 곧장 자리 시장이 펼쳐졌다. 지금은 사라진 풍경이지만 제주인들의 자리 사랑은 예나 지금이나 변함이 없다. 5월에서 8월이 제철인 자리는 보리 수확기에 잡힌 것이 특히 더 맛있다. 평소에 육고기를 자주 먹지 못했던 제주 사람들에게 단백질 공급원이 되어 준 서민 생선으로, 몸집이 작은 것은 젓갈이나 물회로 먹고, 큰 것은 통째로 구워 뼈까지 먹는다.

자리돔구이

자리돔 5마리, 소금 1큰술

1 자리돔은 몸집이 큰 것으로 준비해 통째로 소금물에 한 번 씻어서 살짝 헹군 뒤 물기를 뺀다.
2 구운 자리돔에 소금을 앞뒤로 골고루 뿌린다.
3 석쇠를 준비하고, 중불에서 한쪽 면에 약 3분씩 석쇠를 뒤집어 가며 굽는다.

고동간장조림 보말간장조림

보말 200g, 풋고추·붉은 고추 ½개씩, 진간장 1큰술,
다진 마늘·참기름·깨소금 1작은술씩

1 보말은 소금물에 1~2시간 담갔다가 불순물이 안 나올 때까지 흐르는 물에 씻는다.
2 냄비에 ①을 넣고 잠길 만큼 물을 부은 뒤 팔팔 끓으면 거품을 걷어 내며 20분간 삶는다.
3 삶은 보말은 흐르는 물에 가볍게 흔들어 헹구고, 채반에 건져 물기를 뺀 후 바늘이나
   실핀으로 살을 발라낸다.
4 풋고추와 붉은 고추는 어슷썬다.
5 살을 발라낸 ③에 간장, 다진 마늘, 참기름을 넣고 무치듯 섞는다.
6 ⑤를 약한 불에서 살짝 조리다가 풋고추, 붉은 고추를 넣은 후 불을 끄고 깨소금으로
   마무리한다.

예전에는 썰물 때 한두 시간만 작업해도 금방 바구니가 가득 찰 만큼 흔했던 먹을거리
가 보말이다. 특별한 기술을 전수받아야 하는 먼바다의 물질은 어른들이 하고, 손톱만
한 보말을 잡는 것은 물놀이 삼아 잠수 연습을 하던 여자아이들의 몫이었다. 여름철에
살이 올라 더욱 맛있는 보말은 노약자를 위한 보양죽으로 끓여 먹었다. 또한 식구가 많
은 집에서는 보말을 넣은 미역국에 메밀가루나 밀가루 반죽을 떠 넣고 수제비를 만들어
먹기도 했다.

고춧잎무침

고춧잎 300g 진간장 2작은술, 참기름 1큰술, 멸치액젓·깨소금·소금 1작은술씩

1 고춧잎의 억센 줄기는 제거하고 흐르는 물에 살살 흔들어 씻는다.
2 냄비에 고춧잎이 잠길 만큼 물을 붓고, 물이 끓기 시작하면 분량의 소금을 넣어 고춧잎을
  데친다. 1분을 넘기지 말고 살짝 데쳐야 한다.
3 ②를 찬물에 살살 씻은 후 물기를 가볍게 짠다.
4 볼에 분량의 간장과 멸치액젓, 고춧잎을 넣고 버무린 후, 참기름과 깨소금을 넣고 한 번 더
  골고루 무친다.

제주에서는 빨갛게 익은 고추를 보기 어렵고, 그렇다 보니 고춧가루를 즐겨 쓰지 않는다. 대
신 풋고추를 주로 먹고 그 잎은 나물로 활용했다. 한여름 태양빛을 흠뻑 받은 고춧잎에는 비
타민과 카테킨이 풍부해 일상 속 건강식이자 미용식으로 사랑받아 왔다.

청각된장냉국

생청각(소금 1큰술) 300g, 부추 5줄기, 풋고추·붉은 고추 약간씩,
다시마 물 5컵, 된장 3큰술, 식초 1큰술, 다진 마늘·깨소금 1작은술씩

1 청각의 뿌리 부분에 붙어 있는 이물질을 깨끗하게 제거한 후 냄비에 소금
　1큰술을 넣고 데친다.
2 데친 청각은 여러 번 바락바락 문질러 씻은 후, 물기를 제거하고 먹기 좋은
　크기로 숭덩숭덩 썬다.
3 부추는 깨끗이 씻어 잘게 썰고, 고추는 채로 썬다.
4 분량의 다시마 물을 준비한다.
5 볼에 분량의 된장, 식초, 다진 마늘을 넣고 잘 버무린 후 청각을 섞어 간이 고루
　스며들도록 무친다.
6 ⑤에 ④의 다시마 물을 붓고 잘 저은 뒤 부추와 깨소금, 고추를 올린다.

여름쌈채소·자리젓·제핏잎장아찌·푸른콩생된장

가을이 와수다. 브롬이 산도록! 늙은호박노물 허영 먹어야주!

가을 밥상

『우리말 풀이사전』에서는 반지기를 "어떤 물건에 잡것이 섞여 순수하지 못한 상태의 것"이라고 풀이한다. 제주에서는 쌀과 보리를 섞어 지은 밥을 반지기밥이라고 부르는데, 쌀을 기준으로 보면 보리가 반지기인 셈이다. 쌀이 귀하던 1960년대 이전에는 주로 조와 보리를 섞은 밥을 지었으나 육지에서 쌀이 들어오면서 비로소 부드러운 밥맛을 알게 되었다. 그렇다고 쌀밥만 먹을 형편은 아니었기에 자연스레 반지기밥이 탄생했다. 어른이 계신 집이나 손님을 대접할 때는 쌀을 한쪽으로 쏠리게 해 밥을 지은 다음, 쌀이 많은 쪽의 밥을 퍼 드리곤 했다.

반지기밥

보리쌀·쌀 1컵씩, 물 2컵

1 먼저 보리쌀을 깨끗하게 여러 번 씻은 다음, 3배가량 되는 물을 부어 삶기 시작한다. 끓기 시작하면 중불로 줄이고 물이 졸아들 때까지 푹 익힌다.
2 쌀은 깨끗이 씻어서 1시간가량 불린다.
3 압력솥에 ①의 삶은 보리와 ②의 쌀을 넣고 분량의 물을 부어 밥을 짓는다.
4 센불에 안치고 압력솥의 추가 흔들리기 시작하면 불을 줄인 뒤 4~5분쯤 뜸을 들이다 불에서 내린다.

제주는 온화한 기후 덕분에 1년 내내 텃밭에서 채소가 자라기 때문에 겨울철을 대비하여 무청이나 배추를 말려서 저장할 필요가 없다. 시래기처럼 물에 불리거나 삶는 과정 없이 텃밭에서 막 뜯어 온 배추로 뚝딱 끓인 배추된장국은 보리밥과 함께 밥상에 자주 올랐다. 된장에 묻어 두었던 제피가 향신채 특유의 맛을 내는 것이 제주 배추된장국의 특징. 다만, 뭍에서는 이 같은 된장을 만나기 어려울 터. 대신 일반 된장으로 끓여도 본연의 맛이 그만이다.

얼갈이배추된장국

얼갈이배추 300g, 제피된장 2큰술, 멸칫국물 5컵

1 얼갈이배추는 흐르는 물에 씻어 준비한다.
2 냄비에 분량의 멸칫국물을 준비한다.
3 ②에 손으로 뜯은 배추를 넣고 한소끔 끓인 뒤, 제피된장을 풀어 넣고 불을 끈다.

달래장아찌갈치조림

갈치 2마리(중간 크기), 달래장아찌 1컵, 진간장 4큰술,
된장 2큰술, 고춧가루·다진 마늘 1큰술씩,
다진 생강 1작은술, 멸칫국물 2컵

1 갈치는 머리와 내장을 제거하고 가위로 지느러미를 잘라
　손질한 다음, 소금물에 헹궈 4토막을 낸다.
2 분량의 멸칫국물에 간장, 된장, 고춧가루, 마늘, 생강을
　넣고 잘 섞어 양념장을 만든다.
3 냄비에 갈치를 담고, 분량의 달래장아찌를 얹은 다음
　②의 양념장을 끼얹는다.
4 센불에서 10분간 끓인 후 중불로 줄이고, 중간중간
　양념장을 끼얹어 가며 15분가량 조린다.

수온이 내려가는 가을이 되면 바닷고기의 살이 단단해
지면서 맛이 절정에 이른다. 이때가 바로 제주의 슈퍼
스타 '은갈치'가 식탁 위로 오를 차례다. 진한 양념 없이
도 감칠맛이 나는 이유는 갈치 자체가 물오른 단맛을
내기 때문이다. 여기에 꿩마농, 즉 달래로 담근 장아찌
에서 우러나온 간장으로 간을 하면 깊은 맛이 폭발한
다. 갓 잡은 신선한 생선과 봄에 저장해 두었던 장아찌
의 묵은맛이 어우러져 가을 밥상에 오르는 최고의 별
미가 된다. 달래장아찌가 없으면 말려 두었던 고사리를
물에 불렸다가 곁들여도 훌륭한 맛을 낼 수 있다.

늙은호박나물무침

늙은 호박(소금 1큰술) 300g, 실파 5줄기,
참기름·깨소금 1작은술씩, 물 5컵

1 호박은 껍질과 씨를 제거하고 먹기 좋은 크기로
  깍둑썬다.
2 냄비에 호박을 담는다. 분량의 물과 소금을 넣은 뒤
  물이 끓으면 약 15분간 삶는다. 호박이 익으면 체에 밭쳐
  물기를 뺀다.
3 준비한 실파는 깨끗이 다듬어 잘게 썬다.
4 삶은 호박에 썰어 둔 실파와 참기름, 깨소금을 넣은 뒤
  호박이 부서지지 않게 숟가락으로 살살 무친다. 늙은
  호박은 삶은 후 간을 하면 쉽게 부서지므로 삶을 때
  소금을 넣어 미리 간을 한다.

씨만 심어 놓으면 잘 자라는 호박은 《타임》지가 선정한
세계 10대 건강식품 중 하나로, 노화 분야의 권위자들
이 적극 추천하는 채소다. 예부터 장수 인구가 많기로
유명한 제주에서는 호박을 아주 오래전부터 다양하게
조리해 먹어 왔다. 여름에는 잎을 쪄서 쌈으로 먹고, 된
장국을 자주 끓였다. 가을에는 갈치호박국의 필수 재료
였고, 추석이나 제사 때는 '탕쉬(삶아서 데친 나물이라
는 뜻의 제주어)'로 올렸다. 저장해 두고 오래오래 먹기
좋아서, 겨울에는 범벅을 하거나 차조와 팥을 넣고 죽
을 끓여 먹었다.

푸른콩장아찌

메주콩 1컵, 채수·진간장 ½컵씩, 깨소금 2작은술

1 메주콩은 깨끗이 씻어서 물기를 없앤 후 마른 팬에서 7~8분 볶는다.
2 냄비에 분량의 채수와 진간장을 넣고 한소끔 끓인다.
3 볶은 콩에 뜨거운 달임장을 붓고 잘 섞는다.
4 3~4시간 후 콩이 간장에 절여져 부드러워지면 용기에 담아 냉장보관한다.

제주는 콩 소비량이 전국에서 가장 많은 지역이다. 여름철 냉국과 물회의 간도 생된장으로 맞추며, 사계절 내내 쌈을 먹을 때도 생된장과 멸치젓, 혹은 자리젓을 곁들인다. 날 콩가루를 빻아 두었다가 배추나 무를 넣어 콩국을 끓이거나 죽을 쑤어 먹었고, 생선조림에 볶은 메주콩을 넣어 단백질을 보충했다. 또한 콩장을 만들어 일상 반찬으로 즐겼으니, 제주 사람들의 콩 사랑은 각별하다고 하겠다.

얼갈이배추김치

얼갈이배추 1kg, 소금 1컵, 물 10컵, 양념(멸치액젓 3큰술, 채수 1컵, 다진 마늘 1큰술, 다진 생강 1작은술, 고춧가루 3큰술, 붉은 고추 4개, 보리밥 ½컵)

1 얼갈이배추는 뿌리 부분을 자르고 가볍게 물에 흔들어 씻는다. 이때 너무 세게 씻으면 풋내가 나므로 조심조심 가볍게 씻는다.

2 분량의 물에 소금을 넣고 잘 녹인 후 얼갈이배추를 담가 1시간가량 절인다. 중간에 한 번 뒤적여 준다.

3 믹서기에 채수 1컵을 넣고, 보리밥과 붉은 고추를 넣고 간다.

4 ③에 멸치액젓, 고춧가루, 다진 마늘, 다진 생강을 넣고 골고루 섞어 양념을 만든다.

5 절인 배추는 물에 2번가량 가볍게 헹구고 체에 밭쳐 물기를 뺀다.

6 물기 뺀 배추를 ④의 양념으로 살살 버무린다.

가을쌈채소·푸른콩생된장·멜젓

양하봉오리장아찌

겨울이 와수다. 한라산에 눈이 펑펑! 솜키 낭 콩국 끓여야주.

겨울 밥상

차조고구마밥

차조 2컵, 삶은 보리 1컵, 고구마 3개, 물 3컵

1 차조는 깨끗이 씻어 30분가량 물에 담가 놓는다.
2 보리쌀은 여러 번 씻은 다음, 3배가량의 물을 붓고 끓기 시작하면 중불로 줄여서 물이 졸아들 때까지 푹 삶는다.
3 고구마는 네모반듯하게 깍둑썬다.
4 압력솥에 차조와 삶은 보리를 넣고, 고구마를 위쪽에 넓게 펴서 얹는다.
5 센불에서 밥을 짓다가 추가 흔들리면 불을 약하게 줄여 4~5분 더 익힌 뒤 불을 끄고, 김이 빠진 후 뚜껑을 열어
　고구마를 골고루 섞는다.

1763년 일본에 통신사로 갔던 조엄이 대마도에서 부산으로 처음 들여온 고구마는 1765년 무렵 제주에도 보급되었다. 거친 잡곡밥에 섞어서 밥을 지으면 밥맛도 달아서 식량이 부족했던 시절, 달콤한 고구마를 골라 먹는 색다른 즐거움이 있었다. 그 당시 조선은 극심한 기근과 전염병으로 백성들이 굶주렸고, 자연재해가 잦았던 제주에서는 고구마밥이 굶주림을 면하게 해 준 귀한 음식이었다. 한편, 조엄은 통신사 행차 기록인 『해사일기海槎日記』에서, 그가 부사를 역임했던 동래를 지나며 그해 농사 형편을 물어보고 "변방 백성들이 찌든 가난을 대부분 면하게 되었으니 기뻐할 만한 일이다"라고 썼다. 그의 애민愛民 정신을 엿볼 수 있는 대목이다.

콩국

날콩가루 3컵, 얼갈이배추 100g 무채 1컵, 소금 1½큰술, 멸칫국물 7컵

1 날콩가루는 분량의 멸칫국물을 넣어 되직하게 갠다. 이때 가루가 덩어리지지 않게 잘 섞는다.

2 얼갈이배추는 깨끗이 씻어서 적당한 크기로 뜯어 놓는다.

3 넉넉한 냄비에 멸칫국물을 넣고 끓기 시작하면 개어 놓은 콩가루를 넣는다. 이때 젓지 않고 그대로 둔다.

4 끓어오르면 채 썬 무와 배추를 넣고 불을 줄인다. 넘치지 않게 뚜껑을 연 상태로 무와 배추가 푹 익을 때까지 끓인 후 소금으로
  간한다.

제주 신화에는 여신이 자주 등장한다. 그중 사랑과 대지의 여신 자청비가 제주에 오곡의 씨앗을 전하면서, 목축의 섬에서 농
경의 섬으로 변했다는 신화가 있다. 자청비가 전한 콩은 오곡 중에서도 생명력이 가장 강해서 척박한 땅에 심어도 싹을 틔우
고 잘 자라났다. 이 콩이 제주 사람들에게 사계절 내내 풍부한 식재료를 제공해 주었다. 여름에는 잎을 따서 쌈으로 먹고, 된
장에 박아 밑반찬을 만들었다. 가을에 수확한 콩으로 겨울에는 된장을 담그고, 두부를 만들어 먹었다. 그리고 콩을 빻아 두었
다가 겨울철에 콩국과 콩죽을 만들어 부족한 단백질을 보충했다.

우럭콩조림

우럭 2마리, 메주콩·풋마늘대장아찌 ½컵씩, 진간장 4큰술,
된장 2큰술, 고춧가루·다진 마늘 1큰술씩,
다진 생강 1작은술, 멸칫국물 2컵

1 우럭은 칼등으로 비늘을 벗기고 내장을 제거한 후 옅은
  소금물에 씻고 맑은 물로 헹군다.
2 메주콩은 깨끗이 씻어서 물기를 완전히 제거하고 마른
  팬에서 노릇하게 볶는다.
3 냄비에 멸칫국물과 분량의 양념을 잘 섞어 넣고, 바닥에
  볶은 콩을 깐 후 우럭과 풋마늘대장아찌를 얹는다.
4 중불로 은근히 조려 양념이 콩에 잘 배도록 한다. 이때
  중간중간 양념장을 끼얹는다.

"살은 매우 단단하고 사철 내내 볼 수 있다. 돌 틈에서
살고, 멀리 헤엄쳐 가지 않는다."

– 정약전, 『자산어보』 중에서

양볼락과 생선인 우럭의 정식 명칭은 '조피볼락'이다.
그중에서 암초나 갯바위 같은 거친 곳에 사는 양볼락
을 제주에서는 '돌우럭'이라고 부른다. 서식 환경이 깨
끗하고 맛이 좋아 제주 밥상에 자주 오른다. 제주에서
는 우럭조림을 할 때 대부분 볶은 콩을 넣는다. 생선만
으로는 부족한 영양소를 식물성 단백질로 보충하려는
지혜가 담긴 조리법이다. 산모에게 우럭과 미역을 넣은
국을 끓여 주기도 하고, 제사상에 옥돔 대신 올리기도
한다.

생애 가장 행복했던 만찬의 기억, 우럭조림

아버지는 가느다란 대나무를 부지런히 자르고, 오빠는 원담(바닷가에 돌담을 둘러 막아 놓은 곳)에서 주워 온 멜을 깡통에 잘게 썰어 담는다. 정지(부엌)에서는 타닥타닥, 콩 볶는 소리와 함께 고소한 냄새가 흘러나온다. 우럭콩조림을 먹는 날이다.

화산섬 제주에는 다공질의 현무암으로 이루어진 바다밭이 길게 늘어서 있다. 바다밭, 원담이다. 그 현무암 돌 틈은 다양한 해양 생물의 서식지. 보말을 비롯해 깅이와 몸집 작은 어종들이사는 집이기도 하다. 일명, 바다 슈퍼마켓이라 하겠다.

제주에는 '고망낚시'라는 게 있다. 고망은 구멍을 일컫는 말이다. 대나무를 약 1m쯤 자른 뒤끝에 줄을 묶고 낚싯바늘에 멜을 꿰어 미끼 삼아 현무암 바위틈에 드리우면, 어느새 우럭이낚이곤 했다. 이렇게 돌 틈 사이에서 낚은 우럭을 '돌우럭'이라 부르는데, 제사상에 올리기에는 너무 작아서 밥반찬으로 흔하게 조려 먹었다.

미끼를 놓은 지 채 두어 시간도 지나지 않아 아버지는 싱싱한 우럭을 바구니에 가득 담고 기세등등하게 돌아온다. 우럭을 잡으면 바다에서 손질까지 다 마치고 데려오는 것이 필수. 허벅으로 힘들게 길어 온 우물물을 아끼는 것으로 어머니의 수고를 덜어 주려는 배려였다.

어머니는 아버지에 대한 고마움을 우럭조림에 담아낸다. 마농지(풋마늘대장아찌) 한 국자 떠다 놓고 다진 마늘과 된장, 간장을 섞어 양념장을 만든다. 볶은 콩을 냄비 바닥에 깔고 마농지를 국물째 넣은 뒤 된장이 들어간 양념장을 끼얹어 조리는 동안, 나는 우영팟에서 배추와 상추를 뜯어다 씻는다.

그렇게 온 가족이 십시일반 수고를 보태어 만드는 우럭콩조림. 식구들은 낭푼 밥상에 둘러앉아 우럭콩조림 국물을 곁들이며 볼이 미어지게 쌈을 싸 먹는다.

기름을 짜는 나물이라는 뜻을 가진 유채油菜는 제주인에게 참 각별한 식물이다. 꽃도 아름답지만 나물은 반찬으로, 씨앗은 기름을 짜 식용, 의약용, 공업용으로 썼다. 1970년대까지만 해도 제주에서는 참기름, 들기름보다 유채기름을 더 많이 사용했다고 알려진다. 수확기는 장마철이 시작되는 6월경. 씨앗을 제때 탈곡하지 않으면 싹이 발아해 상품 가치가 없어지기 때문에 달 밝은 밤, 온 식구가 모여 앉아 씨를 털었던 기억이 난다. 유채에는 비타민과 미네랄뿐만 아니라 칼슘과 카로틴이 풍부하게 들어 있다. 특히 칼슘은 시금치의 5배 이상으로, 생채소 가운데 으뜸이다.

유채나물무침

유채나물 300g 된장·진간장·소금·다진 마늘·참기름·깨소금 1작은술씩

1 유채나물은 깨끗이 씻어 준비한다.
2 냄비에 물과 소금을 넣고 끓인다. 물이 끓어오르면 유채나물을 앞뒤로 뒤적여 재빨리 데친 다음 찬물에 헹궈 물기를 꼭 짠다.
3 데친 유채나물에 분량의 양념을 넣고 골고루 버무린 후, 참기름과 깨소금으로 마무리한다.

겨울철 텃밭에서도 단맛 품은 배추가 자라는 제주에는 김장 문화가 따로 없다. 겨울에도 한라산 고지대를 제외하고 영하권으로 내려가는 일이 드물다 보니, 항아리 가득 김치를 담가 놓으면 금세 익어서 시어지는 탓에 철마다 김치를 담가 먹었다. 겨울에는 토종 갓으로 김치를 담갔는데 '갯노물'이라고 부르는 이 갓은 밭둑이나 바닷가에 지천으로 자랐다. 제주 토종 갓은 톡 쏘는 매운맛이 강해 고춧가루를 넣지 않고 멸치젓에만 버무려도 숙성되면 맛이 깊은 데다, 잘 물러지지 않아 다른 김치보다 보존성도 높았다.

갓김치 갯노물김치

갓 1kg, 쪽파 100g, 고춧가루·멸치젓 ½컵씩, 말린 고추 3개, 메밀가루·다진 마늘 2큰술씩, 다진 생강 1큰술, 채수 2컵, 굵은소금 1컵, 물 10컵

1 갓과 쪽파는 깨끗이 씻고 채반에 건져 물기를 뺀다.
2 분량의 물에 소금 1컵을 녹여 갓을 절인다. 2시간가량 절인 후 가볍게 씻어 건져 물기를 뺀다.
3 쪽파는 갓을 절인 소금물에 담가 10분가량 절인 뒤, 가볍게 헹궈 물기를 뺀다.
4 분량의 채수에 메밀가루를 풀어 약한 불에서 저어 가며 풀을 쑨 후 식힌다.
5 식힌 메밀가루 풀에 마늘, 생강, 멸치젓을 넣어 잘 섞는다. 말린 고추는 손으로 비벼 넣고 갓과 쪽파에 양념이 고루 스며들도록 버무린다.

생미역·겨울쌈채소·푸른콩생된장·멜젓

읽다

제주 음식 동화

하나하나의 음식마다
하나하나의 역사를 갖는다.
그 속내를 알고 먹으면
더욱 맛있다.

제주의 음식 인문학,
혹은 음식 전래동화.

세월의 옹기 속에서 잘 발효된
제주 음식 이야기를
여기에서 열어 보고자 한다.

"야트막한 지붕, 그 처마 아래 한데 모여 사는 식구들은 매일매일 새 역사를 쓰고 있다고 생각합니다. 새로운 날을 맞고, 새로 지은 음식을 먹고, 다시 새 걸음을 내딛으며 살아가고 있으니 말입니다. 마찬가지로 음식에도 역사가 있지요. 다른 지역도 모두 그렇겠지만, 제주의 음식 역사는 도드라지게 길고 지난하며 흥미진진합니다. 독특한 방언으로 인해 재료의 이름조차 낯설게 느껴지기 십상이고, 저마다의 음식이 태어난 이유와 가치가 생소할 수도 있을 테지요. 하지만 읽어 내려가다 보면 재미난 과거 여행을 하는 기분이 들 거예요. 제주 토박이에게 듣는 음식 후일담. 한 편 또 한 편, 맛있게 만나 보셨으면 좋겠습니다."

이야기 | 1

공 평 하 고
건 강 한 밥,
제 주 식
반과 **몸 국**

현대의 결혼식은 전문 예식장에서 단시간 안에 예식에서 음식 접대까지 다 이루어지지만, 불과 몇십 년 전만 하더라도 제주에서는 집에서 음식을 마련하고, 예식은 마을회관에서 치렀다. 보통 사흘에 걸쳐서 진행됐는데, 이는 개인의 일이면서 동시에 마을 전체의 잔치였다. 이때 마을 사람들은 인륜지대사를 원만히 마칠 수 있도록 서로 나서서 품앗이를 했다. 돈벌이가 시급한 해녀들도 물질을 멈추고, 일명 '몸 부조' 또는 '물 부조'를 했다. 음식 장만을 돕는 것은 물론, 상수도가 없던 시절에는 용천수가 있는 곳까지 가서 물을 길어다 나르며 힘을 보태고는 했다. 이런 결혼식을 '잔칫날'이라고 불렀는데, 이날은 돼지고기를 먹을 수 있어 더욱 두근거렸다.

그 성대한 잔치는 '도감'이라는 남자 어르신과 '솥할망'이라는 여자 어르신을 지극히 모시는 일부터 시작된다. 두 어르신은 잔치의 총책임자, 지금으로 말하면 행사 기획자다. 대개 마을에서 가장 경험이 많고 신뢰받는 어른들이 이 일을 챙긴다.

잔치의 메인 이벤트인 돼지 잡는 일은 도감 어르신의 총지휘하에 시작된다. 마을 남자 여럿이 힘을 합쳐 돼지를 잡는 동안, 솥할망의 책임하에 음식 솜씨 좋은 여자들은 두부와 순대를 만들었다.

살아 있는 돼지를 잡아 집채만 한 가마솥에 삶는 동안, 마을은 온통 맛있는 냄새로 채워졌다. 어서 한 점 먹어 보고 싶어 애가 타는 마음은 아이 어른 할 것 없이 똑같았지, 싶다. 장만한 고기를 잔치에 쓸 것과 마을 사람들에게 나누어 줄 것으로 배분하는 일도 도감의 역할이었다.

돼지와 순대를 삶은 물에 배추나 무를 넣어 개운한 맛을 끌어올린 뒤 모자반을 넉넉하게 넣어 국을 끓이는 것도 약속된 순서였다. 국의 마무리에 메밀가루를 풀어 걸쭉하게 요리하는, 이른바 제주 전통 '몸국'이다. 몸국 역시 돼지고기와 함께 혼례와 상례에 빠지지 않던 상징적인 음식.

온 동네 사람들의 품앗이로 완성된 음식은 잔치에 온 손님에게 대접하고, 남은 음식은 마을 전체가 골고루 나눠 먹었다. 연세가 많아 거동이 불편한 어른들께는 집까지 음식을 가져다 드리고는 했다. 마을 사람 누구 하나 빠짐없이 다 함께 나눠 먹던, 공동체의 눅진한 연대감이 담겨 있어 의미가 깊다.

사흘간 이어지는 잔치의 첫날이 음식 준비로 채워진다면, 둘째 날은 드디어 신랑 신부의 친척과 하객이 오는 날이었다. 격식을 담아 준비한 잔치 음식을 대접하는 날이자, 평소에는 먹기 힘든 '괴기반樂'이 나오는 날이기도 했다. 제주에서는 본식이 있는 둘째 날은 오히려 붐비지 않고 한산하다. 결혼식 전날, '가문 잔치'라고 하여 부계와 모계 친지들이 모여 정성스럽게 준비한 음식을 나누는 문화가 있기 때문이다.

돼지고기 수육 석 점
순대 한 점
마른 두부 한 점

세 가지의 순박한 음식을 남녀노소 구분 없이 공평한 양으로 나눠 담은 접시가 바로 제주식 '반樂'이다. '반'은 한 사람분의 음식이라는 의미로 1인 1반의 잔치 음식이다. 삶은 돼지고기, 메밀가루를 넣어 만든 순대, 잔칫상의 흔한 떡 대신 마른 두부가 접시에 담긴다.

흙바닥에 깔아 놓은 멍석에 앉아서 상도 없이 저마다 접시 하나씩 들고 먹어야 했지만, '괴기반'에 담긴 혼주의 정성은 말로 다 할 수 없을 만큼 깊었다. 괴기반과 함께 돼지고기 육수에 해조류인 모자반을 넣어 곁들여 내는 뜨끈한 몸국까지 한 그릇 먹고 나면 국 때문인지, 정 때문인지 분간하기 어려운 다정함이 속을 꽉 채웠다.

어떤 잔치 음식보다 소중한 뜻을 품은 음식 문화가 바로 '제주 반'이라고 하겠다. 사흘간의 잔치는 언제나 그렇게 훈훈한 북적임으로 채워졌다.

이야기 2

쉰밥, **쉰다리**

사방이 바다로 둘러싸인 제주는 가뭄이나 홍수로 흉년이 들면 식량을 구할 수가 없었다. 그래서 밥 한 톨도 허투루 버릴 수 없는 처지였다. 이토록 척박한 환경 속에서도 제주의 어머니들은 지혜를 발휘했고, 그렇게 지난한 세월을 겪으면서 탄생한 음식이 바로 '쉰다리' 또는 '순다리'다.

절묘한 이름, '쉰다리' 혹은 '순다리'라고도 불린다. 술인지 음료인지 알쏭달쏭한, 제주 특유의 발효 음식이다. 먹으면 이내 속이 편안해지는 게 느껴지니 마법의 음식이라 불러도 과언이 아니다.

냉장고가 없던 시절, 특히 여름에 보리밥을 지으면 금세 쉬었다. 고온다습한 섬 기후 때문이었다. 하지만 쉰밥은 그냥 버려지는 법이 없었고 여름철 음료, 혹은 한 끼 식사를 대신하는 귀한 음식으로 다시 태어났다.

제로 웨이스트의 원조라 할 수 있는 쉰다리는 누룩을 넣어 발효시킨다. 요거트처럼 시큼한 맛을 지니며 발효 시간을 길게 두면 술이 되는데, 술이 되기 직전의 상태가 바로 쉰다리다.

술이 아닌 음료처럼 두고 먹을 참이라면 약불에서 살짝 끓였다. 이렇게 보관하면 누룩이 발효를 멈춰 술로 접어들지 않는 까닭이었다. 지금은 쉰밥으로 끼니를 때울 만큼 가난한 시대는 아니지만 그때의 절약정신만큼은 여전히 남아 있고, 제주 사람들은 지금도 쉰다리를 만들어 즐겨 마신다.

쉰다리

찬밥 500g, 누룩 150g, 생수 5컵

1 옹기 단지를 깨끗이 세척한 뒤 열탕소독하고 남은 물기를 말린다.
2 옹기 단지에 잘게 부순 누룩과 밥을 넣고 잘 섞은 후 분량의 물을 붓고 실온에 둔다. 중간에 한두 번 젓는다.
3 여름에는 하루, 겨울에는 3~4일 지나면 먹기 알맞게 발효된다.
4 발효가 끝나면 유리병에 담아 냉장보관한다. 누룩으로 인해 냉장보관 중에도 발효가 진행되므로 한 번에 너무 많이 만들지 않는 것이 좋다. 사흘 정도 먹을 분량으로 만들 것을 추천한다.

이야기 **3**

고사리육개장, 그 끈끈한 맛

"소는 조선의 민초요, 고추기름은 맵고 강한 조선인의 기세요, 토란대는 외세의 시련에도 굴하지 않는 강인함이요, 고사리는 들불처럼 번지는 생명력을 의미한다."

영화 〈식객〉 속 대사다. 영화 속에 한국의 서민들이 즐겨 먹었던 육개장 재료로 제주 고사리가 등장한다. 고사리가 재료의 일부로 쓰였지만, 사실 제주 육개장은 고사리가 주인공이다. 조선시대 진상품이었던 한라산 고사리는 내륙 지방의 것에 비해 그 맛과 식감이며 굵기부터 남다르다. 자연환경과 풍토에 따라 사람의 성품이나 식물의 생장이 달라지듯, 바다 건너 화산섬의 토양에서 자란 고사리는 뭍의 것과 다를 수밖에 없다.

제주에서는 4월부터 내리는 비를 '고사리장마'라고 부르는데, 비 그친 자리에 가면 비죽, 고개를 내민 고사리 순이 보인다. 무려 아홉 번이나 난다고 하여 '고사리는 아홉 형제'라는 속담까지 있을 정도다.

고사리는 제사상에도 빠지지 않는다. 바다에서 조업하다 목숨을 잃은 이가 많았고, 일제강점기와 4.3사건을 겪으며 숱한 남성들이 희생된 역사의 의미가 담긴 재료였다. 꺾어도 다시 순이 돋는 고사리처럼 자손의 번성을 바라는 마음으로 조상님께 나물로 올렸다고 했으니.

16세기(1520년 8월~1521년 10월)에 제주에서 유배 생활을 했던 충암 김정의 『제주풍토록』을 보면 "제주에는 삼백초와 고사리가 많다"라고 기록되어 있다. 그만큼 고사리는 제주와 긴 세월 함께해 온 민초의 나물이었다. 농사가 쉽지 않던 화산회토의 척박한 토양에서도 '들불처럼 번진다'는 비유를 했을 만큼, 봄철 제주 들판을 초록 바다로 채우는 것이 바로 고사리다.

한국인이 즐겨 먹는 서민 음식 육개장은 섬으로 건너오면서 색이나 재료에도 차이가 생겼다. 뭍에서 쓰는 쇠고기 대신, 제주에서는 돼지고기 육수와 고사리를 주재료로 쓴다. 먼저, 삶은 돼지고기와 고사리를 절구에 넣고 찧으면 식감이 부드러워지면서 국물은 걸쭉해진다. 여기에 메밀가루를 풀어 돼지고기 냄새가 줄어들게 했는데 덕분에 국물은 매우 진해진다.

햇고사리가 나올 무렵이면 달래도 나오니, 이것을 고명으로 얹으면 향긋한 달래 향이 고사리육개장을 더욱 특별하게 만들어 준다. 고추기름을 넣어 빨간색을 띠는 육지의 육개장과 달리, 제주 육개장은 고추기름을 넣지 않아 갈색을 띤다.

추운 겨울을 보낸 뒤 햇고사리와 돼지고기 삶은 물로 육개장을 끓여 먹으면 이보다 좋은 보양식이 없다. 습하고 더운 여름을 맞기 전에 몸을 단단히 만들어 주었던, 봄철의 대표적 절기 음식이다.

이야기 | **4**

유월 스무날, **닭을 먹다**

가마솥더위, 찜통더위, 혹은 불볕더위. 삼복더위에는 쇠도 녹아
내린다 했다. 하지만 지혜로운 한국인은 쇠도 녹아내리는 더위
가 찾아오면 음식에서 답을 찾아 약처럼 먹었다. 건강한 음식은
약도 필요 없게 만든다 하였으니!

습도 높은 섬, 제주에서 유일하게 닭을 먹는 날이 있었다. 지금
이야 전화 한 통이면 배달되는 흔한 닭이지만, 그때는 고기라고
이름 붙인 것은 죄다 순금처럼 귀했기에 1년에 딱 한 번, 닭 먹는
날을 손꼽아 기다리고는 했다.

음력 유월 스무날, 여름의 더위가 절정으로 치닫는 그날. 봄부터
기른 병아리는 건강하고 영양가 많은 복달임 음식으로 변신했
다. 인삼이나 대추가 안 들어가는 대신 마늘을 많이 넣는 것이
특징이었다. 제주에서는 마늘을 먹기 위해 닭을 먹는다 해도 과
언이 아닐 만큼, 많은 양의 마늘을 넣는다.

재일교포 양영희 감독의 가족사를 다룬 다큐멘터리 〈수프와 이
데올로기〉를 보면, 양 감독이 일본인 남자친구를 처음 소개하는
날, 미래의 사윗감에게 닭백숙을 대접하는 어머니가 등장한다.
영화에는 양 감독의 어머니가 닭백숙을 만드는 과정이 고스란
히 담겨 있는데, 무엇보다 마늘 40톨을 닭 속에 꽉 채우는 장면
이 인상 깊게 다가온다. 양 감독의 어머니는 제주 4.3이 일어나
던 격변기에 일본으로 건너가 살았는데, 제주에서 보낸 유년기
에 유월 스무날 어머니가 해 주었던 닭백숙을 떠올렸으리라.

육지처럼 인삼이 있을 리 만무하고 대추를 넣을 형편도 아니었
던 그 시절, 인삼과 대추를 대신하던 마늘. 그 알싸한 맛의 닭요
리는 해마다 여름이면 옛 기억을 소환하는 음식으로 내 안에 저
장되어 있다.

이야기 | **5**

비릴 틈이 없는 **고등어죽**

돈이 없는 사람들도 배불리 먹을 수 있게
나는 또다시 바다를 가르네

몇만 원이 넘는다는 서울의 꽃등심보다
맛도 없고 비린지는 몰라도

그래도 나는 안다네 그동안 내가 지켜 온
수많은 가족들의 저녁 밥상

루시드폴의 〈고등어〉라는 노래의 일부다. 이 노랫말처럼 가격이 저렴하고 영양가도 높아서 국민
생선이라 할 만큼 인기 많은 고등어는 제주에서 특히 많이 잡히는 생선이다. "가을 고등어와 가을
배는 며느리에게 주지 않는다"라는 속담이 있을 정도로 가을의 고등어는 월동을 준비하느라 살
이 통통하게 올라서 더 맛있다. 제주인들은 가을이면 이런 고등어를 양껏 데려다 소금에 절여 보
관했다. 구워 먹기도 하고 죽을 끓여 먹기도 하는 든든한 뒷배 같은 음식이었다.

내륙 지방의 하천가 사람들은 민물고기로, 바닷가 사람들은 바다의 생선으로 어죽을 끓여 먹고는
한다. 지역마다 조금씩 차이가 있기는 하지만 대체로 비린내를 없애기 위해 양념을 많이 쓰는 편
이다. 고추장을 풀어 넣거나 생강, 후추 같은 향신료를 즐겨 쓴다. 하지만 제주는 달랐다. 제주 고
등어죽과 육지 어죽의 차이는 재료의 신선도에 있다. 고등어는 성질이 급해서 잡히는 순간부터
부패가 시작되는 생선. 바로 소금에 절여 갈무리를 해야 하는 다루기 힘든 어종이다.

그럼에도 제주에서는 오래전부터 고등어죽을 끓여 먹었다. 바다가 가까운 환경이었기에 가능한
음식이었다. 펄떡거리는 고등어를 푹 고아 죽을 끓이면 믿기지 않을 만큼 비린내 없이 담백하다.
마늘이나 생강 같은 향신료 없이도, 그저 소금 간 정도로 맛을 내는 가을의 청정 바다식이라 할
수 있다.

이야기 **6**

긴 겨울날의 정성, **꿩엿**

꿩엿은 제주 중산간 지역에서 특히 많이 먹었던 겨울 보양식이다. 중산간 지역이란 해발고도 기준으로 200~600m에 위치한 곳을 일컫는다. 이 지역은 제주도 방언으로 '웃뜨르'라고 부르는데 '위쪽 들녘'이라는 뜻이다. 대개 초원 지대로 오름이 많이 분포되어 있어 꿩이 서식하기 좋은 환경이라 겨울철 농한기에 꿩 사냥을 많이 했다.

오래전부터 제주인들은 꿩을 이용한 요리를 즐겨 먹었다. 무를 넣고 맑게 끓인 꿩탕이 대표적. 이 외에도 꿩토렴, 꿩육회, 꿩메밀칼국수 등 고기가 귀하던 시절에 단백질을 보충할 수 있게 해 준 고마운 재료다.

4월에서 6월 사이가 꿩의 산란기. 보리와 유채를 베는 수확기에 꿩의 알을 많이 발견할 수 있다. 별도의 냉장 시설이 없던 시기, 꿩엿을 만들어 놓으면 오래 보관할 수 있는 데다 저지방·고단백 식품으로 소화도 잘돼 성장기 어린이나 노약자 및 병후 회복기 환자에게는 약과 다름없는 음식이었다. "납일臘日에 내린 눈을 녹인 물은 약으로 쓴다"라는 『동국세시기』의 기록으로 보아, 이 시기에 만드는 것은 모두 약이 된다고 믿었던 것 같다. 제주에서도 섣달 납일에 엿을 만들어 먹었다. 납일은 동지 이후 세 번째 미일未日을 이르는 말로, 일명 농한기. 긴 시간을 들여야 엿이 될 테니 바쁜 제주 어머니들에게도 적절한 시기였다.

난방 시설이 변변치 않은 때라 엿기름 물에 섞은 차조밥 하나 발효시킬 때도 그나마 방바닥을 따뜻하게 덥히는 겨울이어야 했다. 차조밥에 엿기름을 넣고 꿩고기와 함께 삭혀 만든 제주의 꿩엿은 국제슬로푸드협회의 세계식문화유산 보호 프로젝트 〈맛의 방주〉에도 등재되었을 만큼 소중한 음식이다.

이야기 **7**

설룬 애기의 **감저밥** 고구마밥

지금은 저장 시설이 발달한 덕에 계절에 구애받지 않고 고구마를 맛볼 수 있다. 밤고구마, 호박고구마, 꿀고구마, 자색고구마 등 종류도 다양하다. 그러나 내가 태어나고 자란 제주 하도리에서는 고구마가 아주 귀한 농산물이었다. 귀하다는 것은 돈이 되는 작물이었다는 뜻이기도 하다.

가을에 수확한 고구마는 빼떼기(생고구마를 얇게 썰어 말린 것)로 만들어 주정 공장으로 보냈고, 갓 수확한 생고구마는 전분 공장으로 보내서 수익을 냈다. 가을 수확이 끝나기가 무섭게 농가에서는 다음 해 심을 씨고구마를 저장했는데, 지금도 씨고구마를 저장하기 위해 '감저눌'을 만들던 부모님의 모습이 생생하다. 밭의 구석진 곳에 깊고 넓게 구덩이를 판 다음, 보리나 조의 짚을 깔고 고구마가 상처 나지 않게 조심조심 쌓았다. 그리고 그 위에 한 번 더 이엉을 덮었다. 비와 햇볕으로부터 씨고구마를 보호하기 위해 우산처럼 생긴 '주젱이'라는 덮개를 덧씌운 것. 그런 수고로움을 마다하지 않을 만큼 고구마가 귀한 시절이었다.

고구마 저장에 쓰인 도구들은 해안가에서 멀리 떨어진 웃뜨르까지 가서 베어 온 띠를 가지고, 잠자는 시간을 아껴 가며 부모님이 손수 엮은 것이었다. 다음 해에 돈이 될 씨고구마가 상하지 않도록 저장하는 일은 그만큼 품과 정성이 드는 수고였으니.

한번씩 고구마 상태를 확인하러 다녀올 때면 어머니의 바구니에 상한 고구마 몇 개가 들어 있었다. 그날은 메밀범벅과 거친 잡곡밥 대신, 달달한 고구마가 들어간 밥을 먹을 수 있었다. 상한 부분을 도려내고 일부는 범벅으로, 나머지는 차조와 함께 넣어 밥으로 지었다. 과자도 구경하기 어려운 시절이었고, 설탕도 없었던 때라 다디단 고구마는 목을 빼고 기다리던 별식이었다.

8남매가 양푼에 든 고구마밥에 숟가락 한 번씩 묻었다 빼면 고구마는 순식간에 사라지고 까슬까슬한 조밥만 남아 있기 일쑤였다. 양껏 못 먹은 내가 "어머니, 다음엔 하영 가져옵서(많이 가져오세요)"라고 볼멘소리를 하면 어머니는 나를 나무라듯 "아이고, 이 설룬 애기야"라며 혀를 찼다. '설룬 애기'는 제주어로 '서러운 애기', '고생하는 애기'라는 의미도 있다. 군대에서 휴가 나온 큰오빠 앞에서도 어머니는 "아이고, 우리 설룬 애기!"라고 외치곤 했다.

어머니는 왜 설룬 애기라고 했을까? 썩은 고구마를 볼 때마다 속이 타들어 가는 부모 심정도 모르고 철없는 말을 하는 것이 딱해서였을 것이다. 내 새끼 앞에 힘든 세상이 다가올 것을 익히 알고 있어 그랬을 것이다. 그래서 제주의 어머니들은 자식들이 철없는 말이나 행동을 할 때면 그저 한마디 "아이고, 우리 설룬 애기야!"라고 했다.

그 설룬 애기가 자라 어른이 되자 추운 바람만 불기 시작하면 감저밥이 먹고 싶었고, 굳이 오일장으로 향했다. 할망장(제주에만 있는 오일장 내 할머니 장터)에 들러 고구마 한 바구니를 샀다. 살아 계셨다면 여든이 넘었을 친정어머니 나이의 할망들이 마치 야생화처럼, 건강하고 활기찬 모습으로 생의 막바지 꽃을 피우고 있었다. 엄마 생각이 나서 슬펐다.

지금은 고구마를 잔뜩 넣고 밥을 지어도 그때 같은 맛이 나지 않는다. 숟가락 들고 달려들었던 8남매 중 셋은 세상을 떠났고, 부모님도 모두 먼 곳으로 훌훌 날아갔다. 그래서인지 불현듯 썩은 씨고구마로 밥을 지어 주던 친정어머니가 떠오를 때가 있다. 그 밥을 뜨면 문득, 눈물이 난다. 세상에서 제일 서러운 게 엄마 없는 애기라 하였는데, 어쩌면 나는 일평생 어머니의 '설룬 애기'인지도 모르겠다.

이야기 **8**

장모의 두 눈 상하게 한 **제주 된장**

해안가 사람들이 1년 내내 해조류 국을 먹을 수 있는 것은 된장 덕분이었다. 물질에, 밭일에 바쁜 제주 어머니들의 일손을 덜어 준 양념이 바로 된장이다. 마땅한 반찬이 없을 때 밭 채소를 뜯어다 날된장만 곁들여도 모양새를 갖춘 밥상이 되었기 때문이다. 들일 많은 여름날이면 차롱에 된장과 보리밥, 물외(재래종 오이)를 담아 가서는 밥때가 되면 양푼에 오이를 썰어 된장과 섞은 후 물만 부어 즉석 된장냉국을 만들어 먹었다. 노동으로 땀을 한껏 흘린 뒤에 수분과 염분을 보충해 주고 배앓이도 없게 만든 것 또한 된장이니, 얼마나 고마운 존재인가.

된장에는 오덕五德이 있다고 한다. 다른 음식과 섞어도 고유한 맛을 잃지 않는 단심丹心, 시간이 지나도 변함없이 깊은 맛을 내는 항심恒心, 비리거나 기름진 냄새를 제거해 주는 무심無心, 맵고 강한 맛을 부드럽게 하는 선심善心, 모든 음식과 조화를 이루는 화심和心까지 고루, 골고루 버무려진 음식이어서 그렇게 일컫는 것이다. 아마 제주인들처럼 된장의 오덕을 일상 음식에 두루 활용한 이들도 드물 것이다.

제주 된장이 맛있는 데는 여러 요인이 있지만, 육지와 다른 온습도를 가진 섬이라는 환경과 미네랄이 풍부한 물, 유약을 입히지 않은 숨 쉬는 옹기의 영향을 꼽을 수 있다. 여기에 마지막으로 된장의 원재료인 토종콩, 즉 '푸른독새기콩'도 빼놓을 수 없겠다. 장을 담그기 위한 콩이라고 해서 '장콩'이라 불리는 푸른독새기콩은 익어도 푸른색이 나고, 독새기(달걀의 제주어)처럼 타원형이어서 붙은 이름이다.

이 콩으로 된장을 담그면 구수하고도 찰진 감칠맛이 난다. 본래 제주 남부 지역인 서귀포 일대에서 토종콩을 길러 장을 담갔는데, 1960년대 이후부터 고소득 작물인 감귤로 옮겨 가면서 거의 소멸 위기에 놓였었다. 고맙게도 서귀포의 한 농가에서 푸른콩장을 제조하면서 그 전통을 2대째 계승하고 있다.

제주 된장이 얼마나 맛이 있었는지를 보여 주는 속담이 있다.

"국 하영 먹으민 가시어멍 눈 멜라진다(국 많이 먹으면 장모 눈 망가진다)."

처갓집을 방문한 사위가 된장국이 맛있어서 너무 많이 먹는 통에, 부엌에서 된장국 끓이며 불 때느라 눈에 연기가 들어가 장모의 눈이 상한다는 뜻이다. 맛있는 된장으로 국을 끓였기에 많이 먹을 수밖에 없다는, 참 다정다감한 비유다.

이야기 | **9**

생선조림의 특효약, 만능 간장 **마농지**

제주에서 먹었다고 해서 전부 제주의 정통 요리는 아니다. 대대손손 내려온 조리법과 완전히 다르게 만드는 음식이 판을 치고 있기 때문이다. 대표적인 것이 생선조림. 내가 기억하는 생선조림은 깊고 진한 맛의 마농지가 주축이 되고는 했다. 마농지란 풋마늘대장아찌다. 마농지만 있으면 굳이 갖은양념을 비율대로 넣어 어려운 양념장을 만들 필요가 없었다. 마농지 한 국자만 넣으면 어려운 생선조림도 뚝딱이었으니.

봄, 풋풋한 마늘대를 항아리 가득 채우고 장아찌 간장을 부어 두면 시간이 지나면서 간장에 풋마늘대의 맛이 깃들어 저절로 만능 간장이 된다. 이 장아찌는 반찬으로 먹기에도 부족함이 없었지만, 생선을 조릴 때 특별히 더 위력을 발휘했다. 마농지 한 국자에 된장과 다진 마늘 정도만 곁들이면 조림장이 완성되기 때문이었다. 고춧가루는 있어도 그만, 없어도 그만이다. 마농지의 알싸한 맛이 고춧가루의 존재를 무색하게 만들었던 까닭이다.

물론, 그 대단한 생선조림에는 특별한 조건이 있었다. 선도 높은 싱싱한 생선일 것! 그래야만 별다른 양념 없이도 맛을 낼 수 있다. 첫째도, 둘째도 좋은 재료가 우선 아니겠는가. 제주 특유의 생선국만 해도 고등엇국이나 갈칫국 등은 싱싱하지 않으면 비려서 먹을 수가 없으니까.

가끔 유명한 맛집이라고 소개된 식당에서 생선조림을 맛본다. 시뻘건 고춧가루와 설탕 양념이 치덕치덕. 양념 맛을 살리느라 생선이 외려 보조 신세로 전락했다는 생각이 들 정도였다. 재료의 품질이 떨어지니 그 간극을 양념으로 메우려는 마음은 십분 이해가 되지만, 그런 음식의 맛을 평가하고 싶지는 않다. 진정한 별미란 단순한 조리법으로도 충분히 맛있어야 하고, 그 비밀은 순도 높은 재료에 있기 때문이다.

어린 날, 생선조림을 먹을 때면 생선 그늘에 숨어 있는 달큰한 풋마늘대의 맛이 참 좋았다. 생선살을 조금씩 발라내고 된장 맛이 스며든 국물을 끼얹어 쌈을 싸 먹었던 기억, 저절로 침이 고인다. 그 달큰하고 따뜻한 맛이 그립다.

병원이 없던 시절. 집집마다 마당에는 토종 댕유자나무 한 그루씩 자리 잡고 있었다. 철이 되어 대롱대롱 매달린 댕유자를 따다가 차로 끓여 마시거나 제수용 과일로 상에 올렸다. 무엇보다 일상 속 감기약으로 더할 나위 없이 유용했고, 댕유자를 청으로 만들어 보리빵이나 쑥개떡에 발라 먹으면 그 달콤하고 상큼한 맛이 참으로 환상적이었다.

제주는 조선시대 유배 1번지였다. 다른 나라의 유배지와 다른 점은 범죄인들이 오는 곳이 아니라, 권력의 변화 속에서도 끝까지 소신을 지키거나 불사이군不事二君의 충정을 지닌 신하와 학자들이 귀양살이를 하던 섬이라는 것. 약 300명이 제주로 유배를 왔는데, 그들이 남긴 기록은 당시의 제주 생활상을 담고 있어 더없이 소중하다. 그중에서도 특히 제주에 관한 많은 기록을 남긴 추사 김정희(1786~1856)는 54세 되던 해인 1840년에 제주로 유배되었다.

9년간의 유배 기간 동안 완성한 추사체 외에, 그가 남긴 많은 편지글에서도 그의 인간적인 면모를 엿볼 수 있다. 충남 예산의 추사 고택에는 부인 예안 이씨에게 보냈던 편지가 전해지는데, 거기에는 음식에 대한 내용이 많다. 그 가운데 인상적인 편지가 있어 소개한다.

"오늘 집에서 보낸 서신과 선물을 받았소. 당신이 먹지 않고 어렵게 구했을 귀한 반찬들은 곰팡이가 슬어서 당신의 고운 이마를 떠올리게 하였소. 내 마음은 썩지 않는 당신의 정성으로 가득 채워졌지만, 그래도 못내 아쉬워 집 앞 동백 아래에 거름이 되라고 묻어 주었소."

금수저로 태어나 무엇 하나 부족함이 없던 그가 제주 유배지에서 맞이한 삶은 이루 말할 수 없는 고난의 시간이었을 것이다. 몇 달 걸려 도착한 반찬이 썩어 못 먹게 되자, 그냥 버리지 않고 동백나무 아래에 거름이 되라고 묻었다 했다. 마음 저릿한 편지다.

제주인들은 척박한 땅을 기름지게 만들고자 갖은 노력을 기울였다. 바다의 해초를 모아 거름으로 사용하고, 불을 때서 밥을 짓고 나면 그 재를 모아 밭에 뿌렸다. 생선으로 국을 끓여 먹고 살을 발라 먹은 후에도 가시나 뼈는 버리지 않고 밭에 묻어 거름을 만들었다. 추사는 아마도 이런 제주 사람들의 생활상을 직접 보았던 듯하다. 그래서 썩은 반찬조차 허투루 버리지 않고 동백나무 아래에 묻은 것이 아닐까.

조선시대 유배 1번지, **제주와 추사 김정희**

이야기 **12**

음식 동화의 시작, **제주 해녀 인생사**

소녀들의 놀이터는 바닷가였다. 일고여덟 살쯤부터 바닷가에 돌담을 둘러 쌓은 원담에서 헤엄치는 연습을 하다가 열두 살이 넘으면 어머니에게 물질의 기술을 전수받았다. 처음에는 얕은 바다에서 시작하지만, 열대여섯 살쯤 되면 깊은 바다로 들어가 해산물을 채취할 정도로 성장했다. 결혼 전까지는 친정의 가정경제에 도움을 주는 역할을 하다가 결혼 후에는 한 가정의 경제를 책임지는 주역으로 독립을 했다.

여성들이 해녀가 되어 생업을 꾸렸다. 제주에서는 그랬다. 1970년대에 고무 소재의 잠수복이 보급되기 전에는 광목으로 만든 해녀복을 입고 잠수를 했다. "저승에서 벌어 이승에서 쓴다"라는 해녀들의 속담만 보아도, 그네들의 작업이 얼마나 고되고 생명을 담보로 하는 노동인지 여실히 알 수 있다.

조선 숙종 때 제주목사로 부임했던 이형상의 『남환박물南宦博物』에 이런 글이 있다.

"여자의 부역이 매우 무겁다. 진상하는 미역과 전복은 모두 잠녀潛女의 몫이다. 마을에서 물을 길어 나르는 일, 땔감의 장만, 전복 채취 같은 고된 일을 모두 여인들이 감당하고 있다."

제주 안무사로 파견되었던 김상헌의 『남사록南槎錄』 속 기록도 눈여겨볼 만하다.

"진상하는 전복의 수량이 많고 관리들의 수탈이 몇 곱이 되기 때문에 포작인들이 견디지 못해 섬을 떠나고 있다. 제주 성안의 남정男丁은 500명이고 여정女丁은 800명이다."

전복을 채취하는 포작인들과 양인 및 군인, 노비까지도 각종 공물 진상과 부역을 견디다 못해 떠나 버린 자리. 그 자리를 여성들이 메웠다는 기록이다. 남자들이 떠나도 자식을 키워야 하는 여자들은 섬에 남아 고된 해녀 일을 계속할 수밖에 없었음을 짐작할 수 있다.

시대가 바뀌어 공물 진상은 끝났지만, 4.3사건으로 수많은 남자들이 목숨을 잃자 여자들이 가장이 되어 집안 생계를 도맡아야 했다. 관광산업이 활성화되지 않았던 1960~80년대 초까지만 해도 제주도는 큰 수입이 될 만한 것이 없었다. 서귀포의 감귤 농사를 제외하면 땅이 워낙 척박해서 동부 지역과 해안가 쪽의 생활이 여간 어려운 게 아니었다.

한정된 자원에 비해 해녀가 많아 수입이 줄어들자, 차츰 외지로 출가 물질을 떠나는 해녀들이 늘어났다. 남해안이나 부산 영도 지역으로 한 철씩 물질을 갔다. 제주를 떠나 외지에서 물질하는 해녀를 '출가 해녀'라고 하였다. 출가 해녀들은 외지에서 물질하며 목돈을 마련해 밭도 사고, 자식들 교육도 시키고, 형제 많은 집안의 장녀들은 스스로 희생하며 남자 형제들의 교육비를 마련했다. 곱씹을수록 마음 한쪽이 아려 오는 슬픈 이야기다.

"새벽에 모자반 한 짐 안 하여 온 며느리는 조반 안 준다."

제주 동쪽 구좌읍 하도리에 전해 내려오는 속담이다. 여자들의 삶이 얼마나 고단했는지 짐작이 간다. 특히 구좌읍 하도리는 바람이 거세고 농사가 거의 불가능한 땅이었다. 땅을 30㎝만 파도 돌이 나올 정도로 거친 데다 기름기가 전혀 없는 토양이었다. 보리나 조 같은 곡물을 파종한 다음, 조랑말로 밭을 눌러 주지 않으면 공들여 심은 모든 것이 날아갈 만큼 바람이 세고 푸석푸석한 땅.

그래도 농사는 지어야 하니 모자반을 거름으로 이용했다. 척박한 땅을 비옥하게 만들기 위해 아침 먹기 전, 모자반 한 짐을 해서 밭의 거름으로 삼았다. 땅의 축복은 부족했지만 다행히도 미역과 톳, 우뭇가사리, 모자반 같은 해조류가 풍부했다. 이런 바다 덕분에 하도리는 제주에서도 해녀가 가장 많은 마을이 되었다.

하도리에서 태어난 여자는 지극히 자연스럽게 해녀가 된다. 놀이터가 동네 앞바다였으니 수영하는 법도 쉬이 익혔고, 열 살쯤이면 벌써 할머니와 어머니로부터 바다 잠수를 배웠다. 해산물 채취 기술을 전수받기 시작한 셈이다. 그러다 열두어 살이면 정식 해녀가 되어 가정경제를 이끌어야 했으니, 막중한 책임을 짊어졌던 모든 해녀의 인생사에 경의를 표하고 싶을 따름이다.

책 속의 책

맛의 항해, 맛의 방주

성경에는 대홍수로부터 사람과 동물을 보호한 '방주' 이야기가 등장한다. 여기에 착안한 것이 〈맛의 방주Ark of Taste〉다. 특별히 보호해야 할 식재료를 선정하는 세계식문화유산 보호 프로젝트 〈맛의 방주〉에는 2024년 11월 기준, 전 세계적으로 161개국 6,110여 종의 식품이 등재되어 있다. 한국은 2013년 제주푸른콩장을 시작으로 총 123종이 승선했다.

불과 10여 년 전만 해도 제주에서 흔히 볼 수 있고, 쉽게 구할 수 있었는데 안타깝게도 지금은 사라지고 없는 것이 꽤 보인다. 그 한 예로, 요즘은 제주에 오분자기 메뉴를 파는 식당이 거의 없다. 한동안 그렇게 성행하더니 생각 없이 남획한 탓에 오분자기의 씨가 말라 버렸다는 의미다.

제주는 2007년 한국 최초로 세계자연유산에 등재되었고, 생태계의 보고로 인정받아 유네스코 생물권보전지역으로 지정되었다. 800여 종의 생약 자원이 지역별로 분포되어 있다는 것도 자랑할 만하다. 그뿐일까. 온화한 기후로 신선한 채소들이 노지에서 자란다. 한류와 난류가 만나는 황금어장을 가진 바다밭에는 각종 해양식물과 바닷고기, 해산물이 넘쳐나니 가히 '풍요롭고 아름답다'라는 수식어를 얻을 자격이 있다.

그러나 지구온난화와 이상기후, 환경오염 등 인류의 건강과 생존을 위협하는 각종 징후들이 점점 더 가속화되고 있다. 제주의 소명이 더욱 커지고 있음을 느낀다. 제주라는 이름의 섬이 한 척의 방주가 되어 우리나라의 소중한 자원을 잘 실어 나를 수 있도록 지혜를 모아야 할 때다. 이런 염원을 새기며 〈맛의 방주〉에 담긴 목록 중 제주의 귀한 전통 음식과 식재료 31가지에 관한 이야기를 책의 말미에 싣는다.

* 〈맛의 방주Ark of Taste〉는 지역 음식문화유산을 지켜 나가는 국제슬로푸드협회 주관 프로젝트로 우리나라의 등재 품목은 국제슬로푸드한국협회에 의해 선정, 등재됩니다.

1 제주푸른콩장 2013

'푸른독새기콩'으로 담근 제주 토종 된장, 푸른콩된장이다. 푸른콩은 제주 지역에서만 자라는 토종 콩으로 '장콩'이라고도 부른다. 이는 예전부터 장을 담그는 데 쓰였음을 뜻한다. 다른 콩에 비해 삶으면 단맛이 높고 차지다. 이런 맛 덕분에 된장이나 콩국수 재료로 많이 쓰인다. 잎에서도 은은한 단맛이 돌아 쌈과 절임에 즐겨 쓴다. 독특한 제주 음식인 여름의 된장냉국과 된장물회는 물론, 쌈장으로도 그만이다. 제주에선 오이, 고추 등의 채소뿐만 아니라 생선회나 돼지고기 수육까지도 대부분 된장에 찍어 먹는다. 이렇게 생된장을 그대로 먹는 전통 음식이 많은 것이 다른 지역과 구별되는 특징이다.

제주푸른콩

2 제주흑우 2013

몸 전체가 검은색을 띠는 흑우는 제주의 천연기념물 제546호로 지정되어 있다. 재래종 흑우는 체구가 작으나 강하고 지구력이 좋다. 삼국시대부터 조선시대에 이르기까지의 문헌에도 귀한 소로 등재되어 있다. 왕실의 진상품으로 공출되었고, 『조선왕조실록』을 보면 국가 제사나 왕이 풍년을 기원하며 직접 농사를 짓는 친경親耕에도 흑우가 등장한다. 일제강점기에 수탈로 멸종 위기에 처했지만 2015년 제주대학교에 '제주흑우연구센터'가 설립되고, 제주특별자치도 축산생명연구원에서 체계적인 혈통 관리를 하면서 다시 보존되고 있다. 척박한 환경에서도 끈질기게 살아 낸 강인한 제주 사람들의 삶과도 닮아 있다.

3 제주강술 2014

제주인들이 환경에 맞게 만들어 낸 많은 지혜로운 음식 중 하나. 된장에 물만 부으면 즉석에서 된장냉국이 완성되듯 물을 부으면 바로 술이 되는 '강술'을 빼놓을 수 없다. 차조가루로 밑떡을 만든 다음, 누룩을 잘게 부수어 섞고 실온에서 4~5개월 발효시킨 후 마셨다. 물기가 없는 고체 형태라 휴대하기가 좋아서 밭일을 갈 때나 목축일을 하러 산에 갈 때도 챙겨 갔다. 물만 부으면 술이 되는, 독특한 제주만의 술이라고 할 수 있다.

4 제주꿩엿 2014

1702년에 제주목사로 부임한 이형상이 화공 김남길을 데리고 제주 전역을 순회하며 남긴 『탐라순력도』에 따르면, 제주에서는 오래전부터 꿩 사냥을 했던 것으로 보인다. 이 화첩에는 조천읍 교래리 일대에서 사냥하는 모습을 그린 그림과, 그날 꿩을 무려 스물두 마리나 잡았다는 기록도 전해진다. 겨울철, 중산간 지역에서 꿩 사냥이 주로 이루어졌으며 꿩으로 엿을 만들어 오래 보관했다. 쌀 대신 차조로 지은 밥을 엿기름에 삭혀서 만드는 방식인데, 딱딱한 일반 엿과 달리 제주꿩엿은 조청처럼 부드러워 수저로 떠먹는다. 저지방·고단백 음식이어서 겨울철 노약자의 보양식으로 만들어 두었다가 약처럼 먹었다.

제주댕유자

5 제주댕유자 2014

제주 토양에서만 자라는 댕유자는 병원이 없던 시절에 약처럼 쓰이던 감귤이다. 『동의보감』에도 "그 껍질은 두껍고, 맛은 달며, 독이 없고, 위 속에 나쁜 기를 없애며, 술독을 풀고, 입맛을 돋운다"라고 기록되어 있다. 한마디로 제주댕유자는 약성藥性이 매우 뛰어난 열매라고 할 수 있다. 겨울이면 댕유자에 생강, 배, 흑설탕을 넣어 가마솥 가득 끓여 두었다가 감기 예방약으로 마셨다.

6 제주순다리 혹은 쉰다리 2014

흉년이 들면 식량을 구할 수가 없었다. 밥 한 톨도 허투루 버릴 수 없는 이유다. 밥이 쉬면 씻어서 누룩과 섞어 발효시킨 후 음료로 마셨고, 한 끼 식사로도 해결했다. 동양인과 서양인은 장의 길이가 다른데, 동양인은 채식과 곡물 섭취에 알맞은 유전자를 지녔다고 한다. 그래서 유제품 발효 음료보다 곡물 발효 음료가 체질에 더 맞을 수 있다. 제주 할머니들은 까닭 없이 애들이 예민해지고 성질을 부리면 순다리를 마시게 했는데, 장이 편해야 마음도 편하다는 걸 오랜 삶의 지혜로 알았던 거다. "순다리를 마시면 순해진다"라는 할머니 말씀은 과학이었던 셈이다.

7 제주재래감 2014

오래된 제주 집의 뒤뜰에는 보통, 두 그루의 나무가 있었다. 재래감나무와 댕유자나무다. 재래감은 열매가 작은 데다 타닌 성분이 많아 떫고, 과육보다 씨앗이 더 많아 별로 먹을 게 없지만 제주인들에게는 귀한 과실이었다. 풋감으로 옷에 감물을 들여 입었고, 잎을 말렸다가 차로 마셔 혈압을 다스렸다. 감잎으로 음식을 싸서 보관하면 세균 번식도 막아 주었다. 서리를 맞은 뒤, 겉보리를 넣은 옹기에 비타민이 풍부한 감을 묻어 두었다가 하나씩 꺼내 먹으면 겨울 감기를 예방할 수 있었고, 간식거리가 귀하던 시절에 소중한 단맛을 선사했다.

8 제주재래돼지 2014

제주 천연기념물 제550호로 지정된 제주재래돼지는 오래전부터 섬의 기후와 풍토에 잘 적응한 전통 가축이다. 대부분의 토종 가축이 그렇듯 체구는 작지만 생명력이 강하고, 온몸에 검은 털이 덮여 있어 '흑돼지'라고도 불린다. 『삼국지 위지 동이전 三國志 魏志 東夷傳』『해동역사海東繹史』등의 옛 문헌에도 제주에서 오래전부터 흑돼지를 사육했다는 기록이 남아 있다. 제주재래돼지는 오랜 세월 상례, 혼례, 명절이나 제사 등의 의례에 빠지지 않는 식재료였고, 온 마을이 함께 나누어 먹는 공동체 음식의 상징이기도 했다. 몸국, 고기국수, 순대, 고사리육개장 등 독특한 제주 향토 음식 모두 돼지고기로부터 비롯되었다. 단순한 식재료를 넘어, 삶의 고단함과 나눔의 철학을 품은 고기였다. 일제강점기 및 외래종과의 교배로 점차 사라져 가던 제주재래돼지는 제주특별자치도 축산생명연구원의 체계적인 보존·관리로 다시 복원되고 있다.

9 골감주 2015

엿기름의 제주 방언이 '골'이다. 겉보리의 싹을 틔워 만들어 두었다가 제삿날이나 평상시에도 만들어 마시던 음료다. 감주甘酒라고 하면 알코올 성분이 있는 술이 아닐까 생각하기 쉽지만 그렇지 않다. 차조밥을 질게 지어서 엿기름에 삭힌 뒤 약한 불에 끓여 마시던 차조 식혜 같은 것. 예전에는 제삿날에나 돼지고기와 떡, 옥돔구이 등을 맛볼 수 있었는데, 늦은 시간까지 과식을 해도 배탈이 나지 않았던 것은 골감주 덕분이었다. 다른 지역에도 식혜가 있지만, 제주는 쌀이 귀한 곳이라 차조로 밥을 지어 만들었다는 점이 특징이다. 골감주를 계속 고아 내면 엿이 된다.

10 산물 2015

제주에서 '산물'이라고 부르는 진귤은 재래감귤의 한 종류로, 오랜 전통을 가진 감귤 품종이다. 껍질은 비교적 얇고 잘 벗겨지며, 표면은 매끄럽지 않고 울퉁불퉁한 질감이 특징이다. 조선시대의 진상품이었던 재래감귤은 무려 12종에 이르렀다는 기록이 전해진다. 17세기부터 19세기까지 제주의 3개 읍, 37개소의 과원에서 엄격한 관리 아래 진상용 감귤이 재배되었다. 진귤의 껍질은 말려서 차로 끓이거나 약재로 쓰였으며, 소화를 돕고 피로를 해소하는 데 효과가 있는 것으로 알려져 있다.

11 자바리 2015

다금바리로 불리는 자바리는 깊은 바다에 서식하는 어종으로 1m 이상 자라는 대형 생선이다. 머리에서 내장, 비늘까지 버릴 것 하나 없이 전부 먹을 수 있어 출산한 산모에게 좋은 선물이었다. 뼈를 고면 사골처럼 뽀얀 국물이 우러나는데 여기에 미역을 넣어 끓인 국은 산모의 젖을 잘 돌게 하는 것으로 알려져 있다. 횟감 중에서 고가에 속하는 다금바리는 어획량이 적고 양식이 어려워 제주 사람 중에도 먹어 보지 못한 이가 꽤 많다. 1kg쯤 되려면 3년 이상 걸릴 만큼 성장이 더딘 편이다.

자바리

12 제주오분자기 2015

전복과 비슷하게 생긴 오분자기는 제주에만 서식하는 패류의 한 종류로 양식이 불가능하다. 얕은 바다, 암반 사이에 서식하며 해조류를 먹고 자란다. 전복은 크기가 어른 손바닥만 한 크기까지 자라는 데 비해 오분자기는 약 8cm까지만 자란다. 1970~80년대만 해도 흔히 잡혔고, 해물뚝배기 요리의 주재료였다. 그러나 무분별한 채취로 1990년대에 150톤이던 어획량이 2010년부터는 5톤으로 줄어들더니 지금은 보기 힘든 식재료가 되었다. 제주특별자치도 해양수산연구원에서는 오분자기 종자를 생산하고 이를 도내 마을 어장에 무상으로 방류하는 등 자원 회복에 힘을 쏟고 있다.

13 자리돔 2017

자리돔은 제주에서 '자리'라고 불리는 바닷물고기로, 여름철 제주 해안에서 흔히 볼 수 있는 토착 어종이다. 무리를 지어 움직이며 '자리밧'이라 불리는 서식지에 머무는 습성에서 그 이름이 유래되었다고 전한다. 이 이름은 조선시대에 출륙금지령(1629~1834)으로 인해 육지를 떠날 수 없었던 제주인의 처지와도 겹쳐 보인다. 정확히 밝혀진 설은 아니지만, 한 '자리'에 머물러야 했던 섬사람들의 삶이 자리돔이라는 이름에 스며 있는 듯하다. 여름철 보리 수확기 무렵이 가장 맛이 오를 때이며, 이 시기 제주 사람들은 된장과 함께 무쳐서 된장물회로 즐겨 먹는다. 또, 신선한 생선을 젓갈로 담가 저장 식품으로 활용하기도 한다.

14 우뭇가사리 2017

한천의 원료인 우뭇가사리는 전국 생산량의 절반 이상을 제주가 책임지고 있다. 제주 동부가 주산지인데 땅은 척박해도 바다밭은 풍요로워 미역이나 참모자반을 비롯, 전복이나 소라도 많이 잡혔다. 이 지역의 우뭇가사리는 특히 품질이 좋고 점도가 높아 묵이나 양갱을 만들기에 그만이었다. 양식 미역이 등장하면서 수입이 줄어든 해녀들에게 우뭇가사리는 효자 노릇을 톡톡히 해냈다.

15 옥돔 2017

비린내가 없고 담백해서 조선시대 진상 품목 중 하나였던 옥돔. 단맛이 나는 도미라고 하여 일본에서는 '아마다이'라는 이름으로 불리며 고급 생선으로 꼽힌다. 제사 때 미역을 넣고 끓여 상에 올렸고, 산모의 출산 후 음식이나 회복기 환자의 보양식으로도 사랑받았다. 향토 음식인 빙떡과도 맛의 궁합이 좋아 제삿날 초저녁, 친척 어르신들에게 빙떡과 옥돔구이를 대접했다. 수심 깊은 맑은 바다에서 건져 올렸기에 귀하기도 하지만, 특별한 날이면 빠지지 않고 함께해 온 터라 제주인들의 애착 생선으로 잘 알려져 있다.

16 톳 2017

제주에 톳이 없었다면 기근이 들었을 때 많은 사람이 목숨을 부지하기 어려웠을 것이다. 남해 지방과 제주에서 잘 자라는데, 제주의 톳은 무려 1m 이상 자란다. 저장성이 좋아 봄에 채취하여 해풍에 말리면 소금기 덕분에 오래 두고 먹을 수 있었다. 육지의 묵나물(뜯어 두었다가 이듬해 봄에 먹는 나물)처럼 톳을 저장해 두었다가 물에 불려 톳밥, 된장냉국, 무침 등을 해 먹었고, 채소 쌈에도 삶은 톳을 젓갈과 함께 곁들였다. 일찌감치 톳의 효능을 알아본 장수 국가 일본에서는 제주의 톳을 30여 년 전부터 수입했다. 일본 후생성에서는 매년 9월 15일을 톳의 날로 정할 만큼 적극 권장하고 있다. 우유보다 칼슘 함량이 높고 각종 미네랄과 식이섬유가 풍부하며 혈액을 맑게 해 주어 동맥경화를 예방하는 바다의 불로초다.

17 구억배추 2017

제주도 서귀포시 대정읍 구억리에서 오랫동안 재배해 온 토종 배추다. 2008년, 구억리에 거주하는 84세 할머니가 오랫동안 기른 배추 씨앗을 이웃들과 나누면서 재배가 확산되었고, 이후 '구억배추'라는 이름으로 전국에 알려지기 시작했다. 병충해에 강하고, 농약 없이도 자연 재배가 가능하다. 육질이 단단해 쉬이 무르지 않고 아삭한 식감이 특징이며, 매콤한 향과 알싸한 맛이 갓과 비슷해 구억배추로 담근 김치는 별미로 꼽힌다. 소규모이기는 하지만 구억배추를 재배하는 농가와 개인이 차츰 늘어나는 추세로, 제주 토종 식재료 보전의 의미에서도 주목받고 있다.

18 제주재래닭 2018

재래닭이 유입된 것은 약 2,000년 전이라고 하니, 꽤 긴 세월 동안 제주와 함께해 온 가축이다. 육지에서 삼복에 인삼을 넣은 삼계탕을 먹는 것처럼 제주에도 닭 먹는 날이 있다. 초복과 중복 사이, 가장 무더운 음력 유월 스무날이 그날이다. 봄부터 키운 병아리가 중닭이 될 때쯤 먹었다. 제주재래닭은 몸집은 작아도 날개가 강해서 나는 힘이 좋고, 턱과 목 사이에 검은색 깃털이 있는 것이 특징이다. 현재는 제주특별자치도 축산생명연구원에서 보존·관리하고 있다.

19 제주참몸 2020

모자반과의 식용 갈조류로 경상도는 모재기, 전라도는 몰, 제주도는 몸이라고 부른다. 요즘 생태계 교란종으로 문제가 되고 있는 노란색 괭생이모자반과 구분 지어 '참모자반'이라고 한다. 제주도에서 주로 생산되며, 식량이 부족했던 시절에는 톳과 짝을 이룬 구황식품으로 허기를 달래 주었다. 특히 제주에서는 결혼식 등 큰 잔칫날에 돼지고기를 삶은 국물에 참모자반을 넣고 국을 끓여서 온 마을 사람들이 나누어 먹는 문화가 있었다. 이 몸국은 제주 공동체 음식의 대표적 상징이라 할 수 있다. 돼지고기와 궁합이 잘 맞아 국을 끓이면 지방 흡수를 억제하는 역할을 하며, 칼슘이 풍부하고 열량은 낮아 현대인의 식생활에 잘 어울리는 건강 식재료다.

제주오분자기

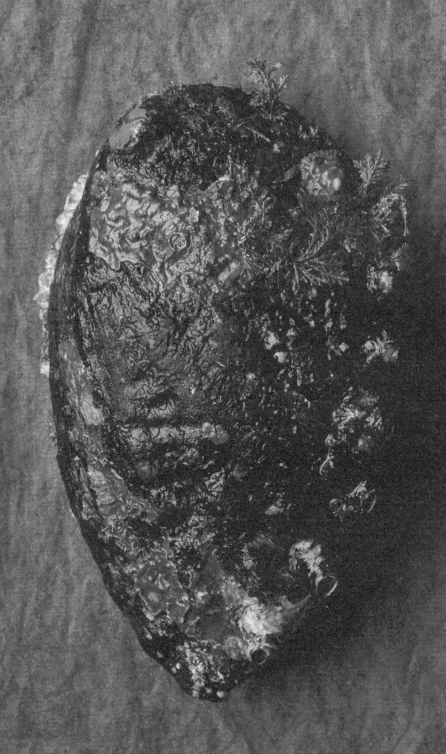

제주전복

제주홍해삼

붉바리

20 제주전복 2020

'패류의 황제'라 불리는 전복은 진시황도 즐겨 먹었다고 전해지는 귀한 식재료. 조선시대 말, 왕가의 생일이나 기념일 의식을 기록한 『진찬의궤進饌儀軌』에 전복 요리가 반복해서 등장할 정도로 고급 진상품으로 여겨졌다. 그러나 이 귀함이 제주도민에게는 무거운 부담으로 다가왔고, 과도한 전복 진상 부담은 '출륙금지령'이라는 가혹한 제도를 낳게 했다. 본래 전복 채취는 '포작인'이라고 불리던 남성 어민들의 몫이었는데, 과중한 노동 강도에 지친 이들이 하나둘 섬을 떠나자, 이 역할은 자연스럽게 미역을 채취하던 여성들에게로 넘어가게 된다. 그렇게 해서 탄생한 것이 제주 해녀다. 전복과 해녀는 제주 바다와 삶을 함께 지켜 온 존재로, 오늘날까지도 제주의 깊은 문화적 상징 중 하나로 여겨진다.

21 제주홍해삼 2020

육지에 인삼이 있다면, 바다에는 해삼이 있다. 인삼의 사포닌과 유사한 성분의 홀로수린holothurin이라는 생리활성 물질이 함유되어 예부터 '바다의 인삼'이라고 부른다. 일부 지역에서도 소량 채취되지만, 대부분 제주산이다. 청해삼에 비해 맛과 영양이 뛰어나고 그만큼 가격대도 높은 편이다. 알칼리성 식품인 해삼은 면역 체계를 활성화하는 성분과 철분이 풍부해, 과거에는 특히 허약한 임산부의 보양식으로 권장되었다. 또한, 심혈관 질환을 완화하고 혈압을 안정시키는 데 도움이 되는 식재료로도 주목받고 있다. '바다의 인삼'이라는 별칭에 걸맞게, 맛과 효능을 모두 갖춘 바다의 귀한 자원이다.

22 제주고소리술 2020

박목월의 시 「나그네」에 담긴 "술 익는 마을마다 타는 저녁놀"이라는 구절처럼, 우리 민족은 마을마다 술을 빚는 흥의 풍속을 간직하고 있었다. 예부터 집에서 직접 술을 담가 마시는 가양주家釀酒 문화가 널리 퍼져 있었지만, 일제강점기에 법으로 금지하면서 사라져 갔다. 그러나 최근 들어 이러한 전통이 다시 복원되고 있으며, 지역마다 고유한 방식으로 그 맥을 이어 가고 있다. 그 가운데 제주 고유의 풍토와 환경에 맞춰 탄생한 것이 바로 고소리술이다. 논농사가 어려운 제주에서는 쌀이 귀해, 술과 떡도 잡곡으로 빚었다. 고소리술은 차조로 빚은 밑술을 옹기로 만든 증류기 '고소리'를 통해 증류해 낸 소주다. 이름도 바로 이 '고소리(소줏고리의 제주어)'에서 유래한 것이다. 고소리술은 안동소주, 개성소주와 함께 한국의 3대 전통 소주로 꼽히며, 제주의 독특한 환경과 손맛, 기술이 어우러진 귀한 술로 평가받고 있다.

23 붉바리 2020

농어목 바릿과의 생선으로 다금바리처럼 고급 생선의 대명사다. 어획량이 적은 것과 서식하는 환경도 다금바리와 비슷하다. 물론 한국인도 즐겨 먹지만, 특유의 붉은색 무늬 때문에 중국인들은 행운과 복을 부르는 생선이라며 좋아한다. 프랜시스 케이스가 쓴 『죽기 전에 꼭 먹어야 할 세계 음식 재료 1001』에도 소개되어 있다. 제주에서는 산모의 산후 음식으로 미역을 함께 넣어 끓여 먹었고, 전라도에선 성장기 어린이의 영양식으로 어죽을 끓여서 먹었다. 1980년대까지만 해도 낚시로 흔하게 잡던 제주 특산 어종이었지만, 수온 상승과 남획으로 인해 지금은 세계자연보전연맹에서 '적색 목록' 멸종 위기 등급으로 분류할 만큼 귀한 생선이 되었다.

24 모인산디 원산디 2022

제주는 전국에서 강우량이 가장 많은 편이지만 물이 고이지 않는 화산섬이라 논농사가 쉽지 않았다. 이런 자연환경에 맞춰 밭에서 재배할 수 있는 밭벼 품종이 발달했는데, 주식용이 아닌 제사 때 조상님께 곤밥(하얀 쌀, 고운 밥을 이르는 제주어)을 올리기 위해 재배했다. '모인산디 원산디'의 '모인'은 찰기가 없는 멥쌀을, '산디'는 밭벼를 뜻한다. '모인산디'는 밭벼에서 나온 쌀이 논벼의 쌀보다 거칠고 찰기가 없어서 생긴 이름이라 하겠다. '원산디'는 모인산디 품종의 하나로 추정된다.

25 개발시리 조 2022

조는 오랜 세월 동안 제주인의 식문화에서 중요한 역할을 해 온 잡곡이다. 쌀 재배가 어려운 제주에서는 주로 조를 활용해 떡과 술, 엿을 만들었다. 제주에서 오래전부터 재배하던 토종 조는 독특한 명칭을 가지고 있다. 이삭의 모양이나 색, 찰기의 유무에 따라 이름이 달랐다. 이름 뒤에 '시리'가 붙은 동닥시리, 쉐머리시리, 바게시리, 개발시리 등으로 불리던 품종들이 그 것이다. 그중 찰기가 있는 개발시리 조를 가지고 주로 술과 떡을 빚었는데, 조의 이삭이 세 갈래로 갈라져 마치 개의 발을 닮았다 하여 '개발시리'라는 이름이 붙었다.

26 강돌아리 2022

1950년대 이전 제주도민의 주식은 조밥이었다. 조선시대 유배인 이건의 『제주풍토기濟州風土記』에 "가장 괴로운 건 조밥을 먹는 일"이라는 기록이 있을 정도로, 조는 제주인의 일상 밥상에서 빠질 수 없는 곡물이었다. 조는 전체 경작지의 99%가 밭이던 척박한 제주 땅 어디에 심어도 잘 자라는 생명력 강한 작물로서, 1960년대까지만 해도 20여 종이 넘는 다양한 토종 조 품종이 자라났다. 그중에는 이름 끝에 '와리'가 붙은 품종이 특히 많았는데, 대표적으로 청돌와리, 흰돌와리, 검은돌와리, 강돌와리(강돌아리) 등이 있다. '강돌아리'는 찰기가 거의 없는 품종으로, 술이나 떡보다는 주로 고구마를 넣어 밥을 짓거나 미음을 쑤는 데 활용되었다.

27 둠비 2024

둠비는 두부를 이르는 제주어다. 제주 두부는 일반적인 두부보다 수분이 적고 단단한 형태로 가공되는데, 그런 이유로 '마른 두부'라 불린다. 물에 불린 콩을 맷돌에 갈아 가마솥에서 끓인 후, 천으로 만든 자루에 콩물을 담아 짠다. 다시 콩물을 솥에 부어 해수로 응고시키는 등 완성되기까지 많은 시간과 노력이 필요하기에 특별한 날에만 만들어 먹던 귀한 음식이다.

둠비

수애

28 제주오합주 2024

전통 발효주 가운데 하나인 고급주이다. 원래는 조상께 올리는 귀한 의례주였으나, 특별한 보약이 없던 시절에는 몸이 쇠하거나 기력이 약해지면 만들어 마시기도 했다. 다섯 가지 재료를 합해 담근 술이라 하여 '오합주'라 불렀다. 오메기술에 토종꿀, 참기름, 달걀, 생강을 넣어 만드는데, 모두 귀한 재료들이다. 재료 하나하나가 약처럼 여기던 것들이었으니, '약주'라 부르기에 부족함이 없는 술이다.

29 제주오메기술 2024

제주는 술을 빚는 밑떡을 만들 때 쌀 대신 잡곡을 사용했다. 흐린 조(찰기가 있는 조)로 밑떡을 만들어 발효 과정에 사용했는데, 이 떡이 바로 오메기떡이다. 밑떡의 이름을 딴 오메기술은 제주의 대표 술인 고소리술의 밑술이자 오합주의 재료로도 쓰인다. 차조가루로 만든 떡에 보리누룩을 넣고 빚은 오메기술은 발효되면서 맑은 청주가 된다. 관광객들에게 인기 있는 오메기떡은 술을 빚기 위해 만들었던 떡에 팥고물을 묻혀 먹던 데서 유래했다.

30 삼다찰 2024

제주도 토종 곡류인 조를 삼다찰이라 부른다. 일제강점기에 일본으로 건너간 종자였는데, 2008년 제주도농업기술원이 1세기 만에 일본에서 다시 들여와 2012년에 재배에 성공했다. 2012년은 제주에 태풍이 많이 지나간 해였다. 볼라벤과 같은 강력한 태풍 속에서도 삼다찰은 쓰러지지 않았을 뿐만 아니라, 오히려 다른 잡곡보다 20% 높은 수확량을 기록했다. 제주 자연환경에 최적화된 토종 잡곡, 삼다찰에 거는 기대가 클 수밖에 없는 이유다.

31 수애 2024

수애 또는 수웨는 순대를 이르는 말이다. 돼지는 명절과 제사, 잔치나 마을에 큰일이 있을 때 잡았다. 신선한 내장과 선지를 구할 수 있는 이때야말로 순대를 만들기 좋은 시기였다. 손이 많이 가는 귀한 음식이었기에 아주 특별하게 대접받았다. 다른 지방의 순대는 각종 채소와 당면 등이 많이 들어가는 데 비해, 제주 순대는 돼지고기를 주재료로 해서 내용물이 단순한 편이다. 찹쌀 대신 보릿가루와 메밀가루를 선지에 섞어 만들었다.

끝인사 1   # 제주 시간여행, 맛 좋으셨습니까?

이새의 집 '제주 홀'을 만들고, 진여원 명인을 만나 함께 밥상을 차리게 되기까지, 돌이켜 보면 모든 과정이 인연의 선물이었습니다. 선생님의 귀한 밥상을 '제주 홀'에서 또 한 권의 책으로 마주할 수 있다는 것, 그 자체로 더없이 기쁘고 감사한 일입니다. 지면을 빌려 선생님께 다시 한번 고마움을 전합니다.

하귀리의 푸른부엌에서 선생님의 음식을 처음 만났던 날을 잊지 못합니다. 단순히 '맛있다'라는 말로는 부족한, 가슴 깊이 울림을 남긴 밥상이었습니다. 제주의 땅에서 자란 식재료에 깃든 이야기, 동서고금을 잇는 문화와 역사, 그리고 그 속에서 묵묵히 삶을 이어 온 제주 여성들의 지혜와 삶의 결이 한 상 가득 펼쳐졌습니다.

"기록하지 않으면 역사가 아니다"라는 말이 있습니다. 평범한 일상 속에서 누구나 당연하게 알던 것들이 너무도 빠르게 사라져 가는 것을 보며, 늘 안타까움이 남았습니다. 장을 담그는 일부터 계절을 품은 밥상까지, 선생님의 밥상에 올라온 진짜 제주를 기록해 두고 싶었습니다. 그것이 바로 이 책을 만들게 된 이유입니다.

이 책을 읽고 난 후 제주를 찾으신다면, 장바구니 하나는 챙겨 오시기를 권합니다. 예전엔 보이지 않던 풍경과 물건들이, 어느새 발걸음을 멈추게 할 것입니다.

『제주 섬·집·밥』이 누군가의 밥상 위에서, 또 누군가의 일상 한가운데에서 오래도록 마음에 남는 온기가 되기를 진심으로 바랍니다.

서울에서 이새 대표, 정경아 쓰다

끝인사 2 　　　　　　**책 속의 제주 밥상,** 맛 조안마씸?

책 만드는 시간이 저에게는 추억 여행과도 같았습니다. 무엇보다 어머니, 우리 엄마 생각에 든든했고, 따뜻했으며 때로 눈가가 뜨거워지기도 했었지요. 몹시도 가난했던 시절, 그 어떤 부귀영화보다 식구들 입에 귀한 음식 들어가는 것을 기뻐하셨던, 살아생전 어머니의 모습이 문득문득 떠올랐던 까닭입니다.

보태거나 빼지 않고, 그 시절의 밥상 그대로를 담은 진솔한 책입니다. 시간을 헤아릴 수 없을 만큼 오래전부터 전해 오는 구전 음식에서부터 해녀 음식과 계절 음식 그리고 땅과 바다 곳곳에 숨어 있는 이야기까지… 전부 담아내는 데 꼬박 1년이 넘게 걸렸으니 진심 어린 수고가 담겼다, 하겠습니다. 그동안 차렸던 모든 밥상과 음식들은 책을 만드는 데 온 힘을 쏟았던 스태프들과 함께 나눴습니다. 모두들 기꺼이, 먹고 더 먹고 해 주어서 몹시도 좋았고, 또 고마웠던 기억이 나는군요.

"폭싹 속았수다!"

제주식 인사를 건넵니다. 모두들 참 수고 많으셨습니다. 여기에 덧붙여 뜻깊은 생애 첫 책을 만들 수 있게 해 준 이새에도 거듭 고마움을 전하고 싶습니다.

밥 짓는 사람으로 살면서 인생을 배웁니다. 쌀 한 톨 허투루 버리지 않았던 제주 어미들의 마음을 떠올리면 더욱 그렇습니다. 그 마음이 책 속에 잘 녹아들었기를, 새삼 기원합니다. 더불어, 이 책을 덮는 독자들이 '맛있었다!' 해 준다면 바랄게 없을 것 같습니다.

제주에서 명인, 진여원 쓰다

제주 섬·집·밥

초판 1쇄 발행   2025년 6월 10일

지은이	진여원, ㈜이새FnC
펴낸이	계명훈
기획·진행	f.book
디자인	ALL contents group
사진	이정민(단편)
교정	류미정
인쇄	RHK홀딩스
마케팅	함송이
경영지원	이보혜
펴낸곳	for book 서울시 마포구 만리재로 80 예담빌딩 6층 02-753-2700(판매) 02-335-3012(편집)
출판등록	2005년 8월 5일 제2-4209호

값	25,000원
ISBN	979-11-5900-151-2 [13590]